Yuxia Zhang
Wenyuan Xu
Zhaohui Hou

Fabrico e investigação de um novo dispositivo bioelectroquímico

Yuxia Zhang
Wenyuan Xu
Zhaohui Hou

Fabrico e investigação de um novo dispositivo bioelectroquímico

ScienciaScripts

Imprint
Any brand names and product names mentioned in this book are subject to trademark, brand or patent protection and are trademarks or registered trademarks of their respective holders. The use of brand names, product names, common names, trade names, product descriptions etc. even without a particular marking in this work is in no way to be construed to mean that such names may be regarded as unrestricted in respect of trademark and brand protection legislation and could thus be used by anyone.

Cover image: www.ingimage.com

This book is a translation from the original published under ISBN 978-620-6-77424-2.

Publisher:
Sciencia Scripts
is a trademark of
Dodo Books Indian Ocean Ltd. and OmniScriptum S.R.L publishing group

120 High Road, East Finchley, London, N2 9ED, United Kingdom
Str. Armeneasca 28/1, office 1, Chisinau MD-2012, Republic of Moldova, Europe
Printed at: see last page
ISBN: 978-620-8-22708-1

Fabrico e investigação de um novo dispositivo bioelectroquímico

A taxa de transferência de electrões entre a enzima e a superfície do elétrodo afecta diretamente a potência de saída das células de biocombustível com enzimas (EBFC). O local ativo da enzima está profundamente enterrado na proteína isolante e a eficiência da transferência de massa do substrato é baixa, o que não favorece o estabelecimento de uma ligação eléctrica eficaz entre a enzima e o elétrodo e é o principal fator que limita o desenvolvimento das EBFC. Por conseguinte, a conceção e o desenvolvimento razoáveis de materiais para eléctrodos com elevada condutividade e elevada porosidade, de modo a que o local ativo da enzima profunda se aproxime mais facilmente da superfície do elétrodo, para proporcionar uma rápida transferência de electrões e substratos, tornou-se um ponto quente na investigação de materiais para eléctrodos de EBFC. Os nanomateriais de carbono possuem boa condutividade eléctrica, excelente estabilidade química e elevada resistência mecânica, sendo amplamente utilizados no armazenamento e conversão de energia, na catálise, na biomedicina e noutros domínios. Com um tamanho pequeno, baixo grau de condensação de moléculas aromáticas, devido ao seu elevado teor de carbono e recursos abundantes, o asfalto é considerado um precursor de carbono promissor. Neste estudo, nanomateriais de carbono derivados de asfalto com diferentes morfologias foram preparados usando diferentes catalisadores e aplicados a EBFCs como materiais de transporte para enzimas. Os conteúdos específicos da investigação são os seguintes:

(1) Preparação de nanomateriais de carbono poroso derivados de asfalto por pirólise catalítica e sua aplicação em células a combustível de glicose enzimática.

O nanomaterial de carbono poroso derivado de asfalto defeituoso (D-ADC-1-1) foi preparado por recozimento a alta temperatura utilizando asfalto como precursor e $K_2 FeO_4$ como catalisador. Foi preparado um bioanodo D-ADC-1-1/ABTS/BOD com elevada atividade catalítica através da adsorção de D-ADC-1-1 (TTF) e glucose oxidase (GOx) com D-ADC-1-1 poroso como material de suporte. A estrutura da fase, a microestrutura e a composição química do D-ADC-1-1 foram caracterizadas. A voltametria de varrimento linear (LSV) e a voltametria cíclica (CV) foram utilizadas para investigar o desempenho catalítico dos bioelectrodos modificados com D-ADC-1-1 em células de combustível de glucose assistidas por enzimas.

(2) Nanomateriais de carbono poroso derivados de asfalto preparados pelo método do molde e sua aplicação em células de combustível de glicose enzimática

A fim de melhorar a densidade de potência e a estabilidade das EBFC, foi preparado um nanomaterial de carbono poroso derivado do asfalto (P-ADC) por recozimento a alta temperatura, utilizando Fe O_{23} como modelo e catalisador. O TTF e o GOx foram adsorvidos no P-ADC poroso para preparar eléctrodos modificados com enzimas. O glutaraldeído (GA) foi utilizado como agente de reticulação e a gelatina como agente de encapsulamento para construir bioanodos P-ADc-TTF /GA/GOx eficientes e estáveis e biocátodos P-ADC-AbTS /GA/BOD. O desempenho catalítico e a estabilidade dos bioelectrodos foram estudados. Foi estudado o desempenho eletroquímico da célula de combustível de glucose catalisada por enzimas.

(3) Células a combustível enzimáticas sólidas de glucose baseadas em nanomateriais de carbono poroso derivados do asfalto com superfícies rugosas.

Os nanomateriais de carbono poroso derivado de asfalto (RADC) com superfície rugosa foram preparados pelo método de recozimento a alta temperatura e catalisados por ferricianeto de potássio. O bioanodo RADC-TTF/GA/GOx e o biocátodo RADC-ABTS/GA/BOD foram construídos utilizando os RADCs obtidos como materiais de suporte. A fim de evitar fugas de eletrólito, melhorar a biocompatibilidade e a portabilidade, a acrilamida como monómero, a N, n-metileno acrilamida como agente de reticulação, o quitosano carboxilado como melhorador funcional, o propilenoglicol como agente de retenção de água, através da preparação de hidrogel condutor flexível multifuncional induzida por persulfato de amónio, foram montados numa bateria enzimática sólida de glucose e estudou-se o desempenho eletroquímico da bateria.

(4) Construção de um aptasensor eletroquímico funcionalizado com carbono poroso derivado do piche para a deteção sensível do cloranfenicol.

O cloranfenicol (CAP) é amplamente utilizado na medicina humana e veterinária, mas tem efeitos secundários nocivos para a saúde humana/animal e riscos ecológicos. Foi construído um sensor eletroquímico simples, de baixo custo e altamente eficaz para a deteção do CAP, utilizando carbono poroso derivado do piche (PPC) racionalmente concebido como meio condutor. A modificação do PPC no elétrodo de carbono vítreo é adoptada para realizar a amplificação do sinal eletroquímico e, em seguida, os aptâmeros com carga negativa são introduzidos no elétrodo funcionalizado com PPC para atrair o CAP carregado positivamente e para aumentar a hidrofilicidade do elétrodo modificado. O desempenho eletroquímico do sensor fabricado é investigado utilizando voltametria cíclica e voltametria de pulso diferencial, mostrando uma rápida mudança de corrente e alta seletividade para a deteção de CAP, e exibindo um excelente desempenho de deteção com uma ampla gama linear de 1,0-500 μM e um baixo limite de deteção de 0,1 μM.

Palavras Chave: Célula de biocombustível enzimático; Carbono derivado de asfalto; Porosidade desordenada; Auto-carregamento; Hidrogel flexível

Capítulo 1 : Introdução

Durante quatro décadas, o desenvolvimento de biointerfaces tem sido objeto de um esforço de investigação crescente e oferece atualmente imensas oportunidades e grandes desafios em domínios de investigação como a saúde, a monitorização ambiental e a energia. No que diz respeito ao domínio da energia, a produção de energia eléctrica a partir de biocombustíveis de baixo custo é um desafio importante no domínio da energia, uma vez que os biocombustíveis são renováveis, sustentáveis, permitem menores emissões de gases com efeito de estufa e reduzem a procura de fontes de combustível comuns, o que constitui um interesse especial para a energia moderna [1] . Além disso, os biocombustíveis estão facilmente disponíveis, como a glucose, o metanol, o etanol, o lactato, etc. . [2,3]As células de biocombustível (BFC) são dispositivos interessantes de produção de energia eléctrica capazes de transformar diretamente energia química em energia eléctrica, o que constitui um tipo de dispositivo de produção de energia ecológico e amigo do ambiente[4-6] . De acordo com a aplicação dos biocatalisadores, as células de biocombustível podem ser divididas, grosso modo, em células de combustível microbianas (MBFC) e células de biocombustível enzimáticas (EBFC). As células de biocombustível enzimáticas (EBFC), uma subclasse das células de combustível, utilizam oxidorredutases como catalisadores de eléctrodos para completar a conversão de energia, e o seu princípio de funcionamento assemelha-se ao das células de combustível tradicionais[7,8] , o que suscitou grandes esperanças entre os investigadores e os utilizadores finais, uma vez que o mundo continua a enfrentar as alterações climáticas, a crise da água, da energia e da terra. Além disso, as propriedades de biocatálise das enzimas permitem que as EBFC funcionem em condições suaves[9] . Assim, as EBFC são amplamente consideradas como conversores de energia verde na nova economia verde global. No entanto, as EBFC estão ainda em fase de desenvolvimento e exploração, e alguns inconvenientes intrínsecos das EBFC, como a baixa potência de saída, a baixa utilização e a fraca estabilidade operacional, limitam grandemente o seu desenvolvimento para a exploração de energias renováveis e aplicação prática .[10]

1.1 Visão geral das células de biocombustível enzimático

As células de biocombustível enzimáticas (EBFC) pertencem a uma subclasse de células de biocombustível em que as enzimas são utilizadas como catalisadores para converter diretamente a energia química de biocombustíveis renováveis e abundantemente disponíveis em energia eléctrica em condições moderadas, sendo por isso consideradas uma potencial tecnologia de conversão de energia verde[11,12] . Foram desenvolvidas células de combustível enzimáticas de glucose que funcionam a pH quase neutro e a temperaturas ambientes, o que as torna boas candidatas a pequenos dispositivos implantáveis[13-17] . O ânodo da célula de biocombustível de glucose enzimática utiliza a glucose como matéria-prima química. Sob a ação da protease bioactiva, o ânodo oxida-se em ácido glucónico, enquanto a enzima do cátodo reduz o O_2 a H_2O (Fig.1-1).

Com base nas vantagens das pilhas de combustível tradicionais, as EBFC desenvolveram as suas vantagens únicas: 1) o ambiente de operação é amigável, pode ser operado em temperatura normal, pressão normal, ambiente de pH quase neutro, pode simplificar o design do módulo da estrutura interna do dispositivo e facilitar a manutenção diária para promover a sua aplicação prática; 2) Os recursos enzimáticos são ricos, podem ser extraídos artificialmente em animais, plantas e microrganismos, convenientes para o controlo dos custos de produção da bateria; 3) Como substrato, os produtos combustíveis são abundantes e de origem generalizada, podendo ser utilizados açúcares naturais renováveis, álcoois e outras biomassas, e o preço é baixo, estando também em conformidade com a estratégia de desenvolvimento sustentável verde implementada pelo Estado.

Os electrões gerados pela oxidação anódica de um biocombustível têm de ser transportados para o cátodo para a redução de um oxidante. No entanto, uma vez que os centros activos das enzimas estão profundamente enterrados no interior da proteína isolante, o desempenho das EBFC é geralmente limitado pela lenta transferência de electrões entre as enzimas e os eléctrodos, pela baixa condutividade eléctrica dos eléctrodos e pela dificuldade de transporte de massa do biocombustível .[18]

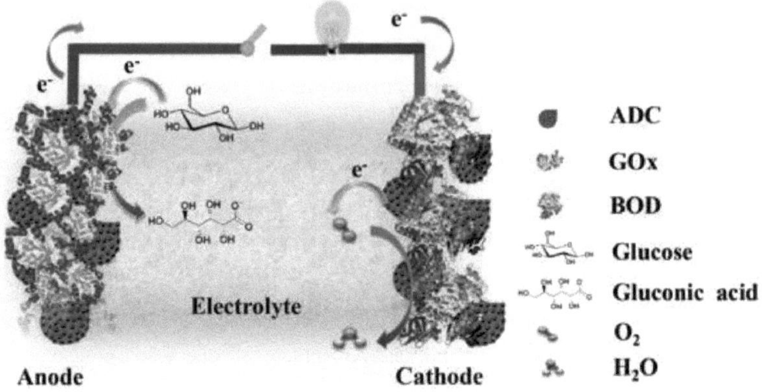

Fig. 1-1 Esquema do princípio de funcionamento das células enzimáticas de biocombustível de glucose

1.2 História das células de biocombustível de glucose enzimática

A primeira célula de biocombustível foi demonstrada por Potter em 1912, que utilizou células de levedura no ânodo para oxidar a glucose[19] . Esta demonstração de uma célula de combustível microbiana suscitou o interesse inicial pelas células de biocombustível. As aplicações das células de combustível foram largamente negligenciadas até à "era espacial" (década de 1960). Posteriormente, as BFC registaram um rápido desenvolvimento nas décadas de 1950 e 1960, impulsionadas pelo programa espacial da Administração Nacional da Aeronáutica e do Espaço. Em 1963, os MBFC eram capazes de alimentar rádios e luzes de sinalização. Em 1964, Yahiro e colaboradores construíram as primeiras EBFC de glucose, utilizando glucose oxidase (GOx) como catalisador anódico, glucose como combustível e O_2 como oxidante. Conseguiram gerar potenciais de circuito aberto positivos para as duas oxidases em células de biocombustível completas, pelo que este trabalho deu início à área de investigação a que hoje chamamos "células de biocombustível enzimáticas"[20] . Em 1978, Berezin et al. apresentaram o primeiro biossensor de glicose baseado na transferência direta de electrões[21] . Em 1984, Cass et al. apresentaram o primeiro biossensor de glucose baseado no mediador redox ferroceno[22] . No entanto, o desenvolvimento das EBFC foi lento até ao século XXI devido às limitadas técnicas de síntese e caraterização de materiais disponíveis na altura. Uma célula de combustível enzimática utiliza uma enzima como electrocatalisador, quer no cátodo quer no ânodo, ou apenas num dos eléctrodos. Com o desenvolvimento da nanotecnologia e da tecnologia de engenharia enzimática, bem como a diversificação dos métodos de síntese e de caraterização dos materiais, a investigação das EBFCS registou progressos importantes[23-27] . Até à data, as EBFC têm sido capazes de recolher energia de animais e plantas vivos, como fluidos corporais humanos, sangue, suor, lágrimas e saliva, o que traz grandes esperanças para a aplicação das EBFC in vivo[28-38] . Os investigadores prestam muita atenção às EBFC, que se espera que proporcionem um fornecimento estável de energia a longo prazo para dispositivos electrónicos implantáveis ou portáteis como fonte de energia in vivo. Atualmente, a investigação sobre as EBFC centra-se principalmente na preparação de novos materiais portadores e na oxidação profunda de combustíveis para melhorar a eficiência da transferência de electrões entre as enzimas e os eléctrodos e aumentar a densidade energética das baterias.

1.3 Células de biocombustível de glucose enzimáticas auto-carregáveis

Até à data, os EBFC são amplamente considerados como conversores de energia verde na nova economia verde global. No entanto, alguns inconvenientes intrínsecos dos EBFC, como a baixa potência de saída e a fraca estabilidade operacional, limitam grandemente o seu desenvolvimento para a exploração de energias renováveis e a sua aplicação prática[39,40]. Os supercapacitores são um tipo de dispositivo de energia recarregável que proporciona uma elevada capacitância para o armazenamento de grandes quantidades de energia eléctrica[41-43] . Os seus comportamentos electroquímicos de carga/descarga rápida também dão origem a uma elevada potência de saída num curto espaço de tempo. Para resolver as questões acima mencionadas, a integração de EBFC e supercondensadores para desenvolver um tipo de dispositivo bioelectroquímico híbrido tem vindo a ser considerada nos últimos anos[44,45] . Os dispositivos híbridos de armazenamento de energia integram supercapacitores de alta potência e baterias recarregáveis com elevado conteúdo energético. Os supercondensadores electroquímicos podem armazenar uma quantidade relativamente elevada de energia eléctrica e fornecer energia eléctrica num tempo de impulso muito curto, gerando assim uma elevada energia e potência específica. A combinação deste conceito com uma célula de combustível enzimática poderia conduzir a um sistema de biocapacitores auto-carregáveis. Shaojun Dong et al. desenvolveram um dispositivo bioelectroquímico híbrido baseado na glicose/O_2 célula de biocombustível enzimática

(EBFC) para conseguir a conversão e o armazenamento de energia, combinando o bioanodo poli (verde de metileno)/glicose desidrogenase (PMG/GDH) com o biocatodo azul da Prússia/glicose oxidase (PB/GOD)[44] . Dependendo dos comportamentos redox reversíveis, o PMG e o PB desempenham papéis de nanomateriais duplamente funcionais, não só como mediadores para acelerar o transporte de electrões entre as enzimas e a superfície dos eléctrodos, mas também como materiais pseudocapacitivos para conseguir o armazenamento de energia. Como resultado, este dispositivo híbrido apresentou um desempenho superior no armazenamento de energia com uma capacitância específica de 158,5 mF cm^{-2} à densidade de corrente de 1 mA cm^{-2} . Entretanto, foi possível obter uma densidade máxima de potência de saída de 783,5 $\mu W\ cm^{-2}$ no modo de impulsos, que teve um aumento proeminente em relação ao EBFC prototípico (87,5 $\mu W\ cm^{-2}$) no estado estacionário. Wolfgang Schuhmann e a sua equipa apresentam um biossupercapacitor de auto-carregamento intrínseco baseado num conceito único para o fabrico de biodispositivos à base de polímeros redox (Fig. 1-2) . A inversão de potencial ocorre no estado carregado (ânodo < cátodo) e obtém-se uma tensão de circuito aberto > 0,4 V e o biodispositivo actua como um verdadeiro biossupercapacitor . [46]

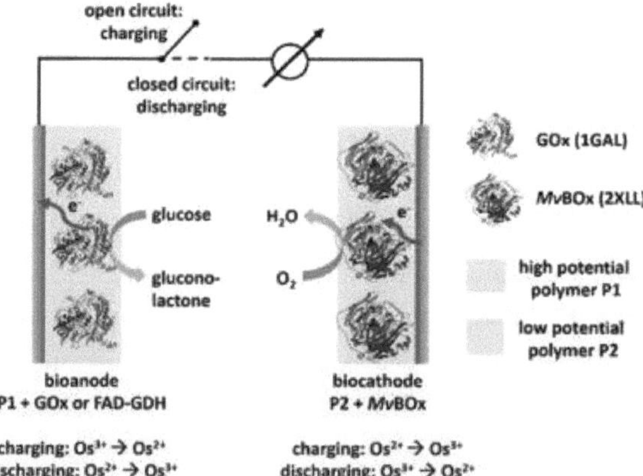

Fig.1-2 Esquema do biossupercapacitor de base enzimática constituído por uma enzima de conversão da glucose (FAD-GDH ou GOx, neste caso apenas é apresentado o ânodo baseado na GOx) juntamente com um polímero redox de elevado potencial (P1) no lado do ânodo e uma enzima redutora de O2 (MvBOx) juntamente com um polímero redox de baixo potencial (P2) no lado do cátodo. As estruturas das enzimas foram retiradas da base de dados de proteínas do RCSB (GOx: 1GAL [16] ; Mv BOx: 2XLL[46]

1.4 Bateria flexível de biogel de glucose

Os dispositivos médicos bioelectrónicos que estabelecem uma interface fiável e crónica com o corpo podem fazer avançar a neurociência, a monitorização da saúde, o diagnóstico e a terapêutica[47] . Os dispositivos electrónicos com factores de forma flexíveis e compatíveis permitem uma integração conforme com os tecidos do corpo humano, que são frequentemente moles, curvilíneos e dinâmicos[48,49] . Embora as perspectivas de aplicações biomédicas sejam promissoras, a transformação da eletrónica flexível de curiosidades laboratoriais em dispositivos médicos robustos e fiáveis cria novos desafios em termos de fabrico e aplicação. Décadas de investigação em bioelectrónica flexível normalizaram materiais e técnicas de processamento que servem como tecnologias fundamentais na comunidade científica da bioelectrónica. O elétrodo de hidrogel tem uma rede tridimensional interligada e uma estrutura de orifícios suficiente, que pode fornecer canais abundantes de transferência de electrões. Uma vez que os supercapacitores de estado sólido têm uma estrutura estável, sem contacto entre eléctrodos e sem fugas de electrólitos, podem ser finos e pequenos, mesmo quando deformados por forças mecânicas, e podem ser utilizados como uma fonte de energia estável de carga e descarga. A maioria das redes de hidrogéis tem fracções de polímero de $\square_2$ <0,1 e, por conseguinte, apresentam pequenos módulos elásticos devido à diluição volumétrica das ligações cruzadas[50]. As propriedades frágeis típicas dos hidrogéis limitam a extensibilidade e, por conseguinte, a sua potencial utilização como materiais estruturais para dispositivos bioelectrónicos flexíveis. Embora, em teoria, os polímeros com alguns grupos carregados (hidroxilo, carboxilo, amino, etc.) possam atrair uma certa quantidade de moléculas de água, na realidade, devido à predominância de longas cadeias de carbono nas moléculas, os grupos hidrofílicos das cadeias laterais têm pouco efeito, pelo que os hidrogéis sintetizados apenas a partir destes substratos têm uma fraca condutividade eléctrica e um fraco desempenho na retenção de água. Isso prejudicará seriamente o funcionamento estável e a longo prazo do dispositivo. No entanto, a resistência dos hidrogéis pode ser aumentada através da incorporação de redes duplas interpenetrantes. A reticulação não covalente provocada pela adição de iões metálicos polivalentes híbridos de iões de zinco e ferro ajuda a conduzir eletricidade e a melhorar a densidade energética, ou a adição de nanofibras de celulose (CNF) com excelente biocompatibilidade, módulo de Young e resistência à tração, quitosano carboxilado, etc., aumenta a resistência mecânica, a adesão e a auto-regeneração da matriz polimérica. Baobin Wang preparou um hidrogel condutor iónico altamente extensível, resistente e adesivo, utilizando nanocelulose catiónica (CCNC) para dispersar/estabilizar nitreto de carbono grafítico (g -C N_{34}) para formar complexos CCNC-g-C N_{34} e processo de polimerização radical in situ. O dispositivo auto-alimentado à base de hidrogel pode carregar um condensador de 2,2 μF até 15 V a partir do movimento humano. O hidrogel multifuncional apresenta potenciais aplicações na eletrónica auto-alimentada para uso pessoal[51].

O eletrólito em gel não só mantém as vantagens da condutividade iónica do eletrólito líquido, como também permite o contacto estreito entre o elétrodo modificado e o eletrólito. Herda também as excelentes propriedades mecânicas do eletrólito de polímero sólido, tais como flexibilidade, plasticidade, viscoelasticidade, etc., que podem ser aplicadas a dispositivos electrónicos flexíveis, tais como pele eletrónica, ecrã curvo de smartphone e díodo orgânico emissor de luz OLED, ou no domínio dos dispositivos médicos implantáveis, tais como termómetros flexíveis, monitorização da saúde, reabilitação e sistemas de inteligência homem-máquina exosqueleto[52].

1.5 Mecanismo de transferência de electrões do elétrodo EBFC

As bioenzimas apresentam especificidades excepcionais em relação aos seus substratos, possibilitando assim a montagem dos eléctrodos do ânodo e do cátodo de uma célula de combustível sem necessidade de membranas e metais nobres. No entanto, um dos maiores desafios na conceção de células de biocombustível enzimático é estabelecer uma ligação eletrónica eficiente entre a enzima e o elétrodo, particularmente devido ao importante tamanho da molécula de proteína e à anisotropia das suas propriedades electrónicas. Dois mecanismos permitem a transferência de electrões entre uma enzima e um elétrodo. Por um lado, na transferência direta de electrões (DET), os electrões tunelam diretamente entre uma enzima e um elétrodo. Este mecanismo baseia-se na capacidade da enzima para aceitar electrões não só do seu substrato natural, mas também de dadores artificiais de electrões, como o elétrodo. Por outro lado, na transferência mediada de electrões (MET), os electrões são transportados através de uma molécula redox, chamada mediador, que troca electrões com a enzima e é reversivelmente oxidada ou reduzida na superfície do elétrodo.

1.5.1 Mecanismo de transferência direta de electrões（DET）

No caso ideal, o circuito externo troca diretamente os electrões com as enzimas, conduzindo a tensões celulares óptimas e maximizando as saídas de corrente. A DET só pode ocorrer se o sítio ativo da enzima ou um retransmissor de electrões estiver suficientemente próximo da superfície do elétrodo. Infelizmente, a DET não é possível em todos os casos e depende fortemente da localização e orientação do sítio ativo no interior da proteína. Se os electrões forem transferidos diretamente do sítio ativo da enzima para o circuito externo, é possível obter a tensão de circuito aberto (OCV) ideal e uma elevada potência catalítica. A distribuição das orientações que permitem a DET resulta na distribuição das taxas de transferência eletrónica reflectida pelo bordo de fuga no voltamograma cíclico catalítico[53]. Por conseguinte, uma DET eficaz só pode ser obtida para uma monocamada de enzimas corretamente orientadas (Fig.1-3). Recentemente, foram envidados esforços para melhorar a taxa de transferência de electrões da DET, tendo sido alcançados muitos resultados. Os eléctrodos mediados por enzimas têm sido potencialmente utilizados em biossensores implantáveis em miniatura. Amara e colaboradores[54] apresentam um biossensor de glucose sensível, seletivo e mediado por enzimas, baseado na auto-montagem do ácido perileno-tetracarboxílico (PTCA) em nanotubos de carbono de paredes múltiplas (MWCNT). A imobilização controlada de GOx em MWCNT decorados com PTCA foi conseguida através da química da carbodiimida para construir um bio-nano-híbrido sem precedentes com uma melhor transferência direta de electrões (DET) de GOx. Esta estratégia permitiu obter uma maior área de superfície eletroquímica ativa, proporcionando amplos sítios activos para uma maior densidade de cobertura enzimática, resultando eventualmente numa atividade electrocatalítica superior. O grupo de Jayapiriya s'[55] fabricou eléctrodos de carbono utilizando uma impressora PCB de secretária de uma forma eficiente em termos de custos e tempo. Esses eléctrodos de pasta de carbono impressos foram incorporados no desenvolvimento de uma célula de biocombustível de glucose à base de enzimas para alimentar vários dispositivos biomédicos de baixa potência e para biosensores. Os bioelectrodos foram testados quanto ao seu comportamento eletroquímico e foram configurados como um biocombustível enzimático baseado na Transferência Direta de Electrões (DET) para serem utilizados em vários fluidos fisiológicos, como lágrimas, saliva humana, sangue total e soro sanguíneo, devido à sua biocompatibilidade e eficiência.

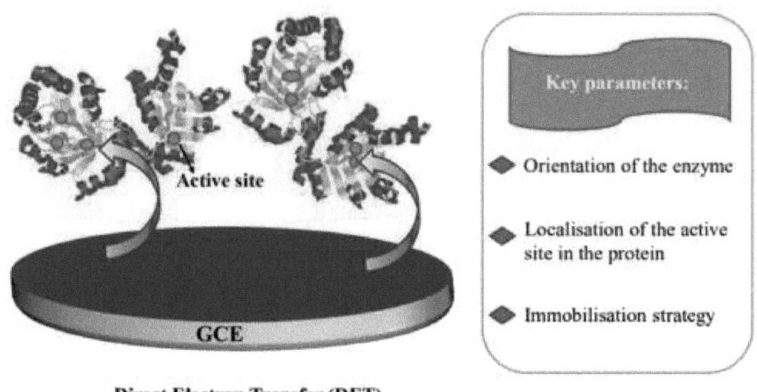

Fig.1-3 Princípio e parâmetros-chave da via de transferência de electrões das enzimas fixas: Transferência direta de electrões (DET)

1.5.2 Transferência de electrões mediada (MET)

Quando o centro catalítico se encontra profundamente embebido, a distância até ao material do elétrodo é frequentemente demasiado elevada para uma transferência eficiente de electrões. Neste caso, podem ser utilizadas pequenas moléculas com o potencial redox e a atividade adequados como transportadores de electrões, designadas por mediadores , para melhorar o transporte de electrões. Apesar da esperada perda de tensão celular e dos frequentes problemas de estabilidade desta transferência de electrões mediada (MET), a ligação eléctrica das enzimas através da MET é quantitativa e conduz frequentemente a correntes catalíticas mais elevadas do que as que podem ser obtidas por DET (Fig.1-4).

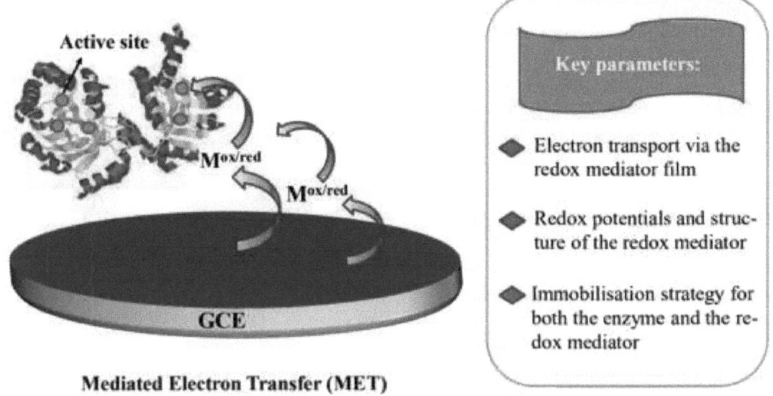

Fig.1-4 Princípio e parâmetros-chave da via de transferência de electrões das enzimas fixas: Transferência de electrões mediada (MET)

A conceção racional e a preparação de um hidrogel de polímero redox alternativo à base de naftoquinona é capaz de facilitar a oxidação enzimática da glucose a baixos potenciais de oxidação, produzindo simultaneamente elevadas densidades de corrente catalítica. O EFC glucose/O_2 resultante possui um potencial de circuito aberto de 0,864±0,006 V e fornece uma densidade de potência máxima (2,3±0,2 mW cm^{-2}) a um potencial operacional elevado de 0,55 V[56] . Yoshida[57] sugeriu que a matriz de hidrogel facilita a transferência eficiente de electrões da glucose para o elétrodo através da colisão dos complexos de Os, actuando assim como mediador. Suzuki[58] desenvolveram um novo material de elétrodo para células de biocombustível (BFC), no qual um mediador foi imobilizado covalentemente em carbono poroso contemplado com MgO (MgOC). O AmFc e o FAD-GDH foram imobilizados por ligação covalente entre o grupo amino e o grupo glicidílico pendente. O BFC fabricado apresentou uma elevada densidade de potência de 0,42 mW cm^{-2} a 0,38 V no ar, o que é suficiente para alimentar um pequeno dispositivo eletrónico.

1.6 Enzimas utilizadas em células de biocombustível de glucose

As enzimas são proteínas ou ARN produzidos por células vivas e têm uma elevada especificidade e atividade catalítica para os seus substratos. São uma classe de biocatalisadores extremamente importantes, que são altamente eficientes e específicos e activam reacções químicas iniciando e acelerando o processo de reação[59] . De acordo com a diferente composição molecular das enzimas, estas podem ser divididas em enzimas simples e enzimas de ligação. As enzimas que contêm apenas proteínas são denominadas enzimas simples. A enzima de ligação é constituída por uma parte não proteica (cofator) e uma parte proteica enzimática (parte proteica) com atividade catalítica. As proteínas enzimáticas são proteínas compostas por cadeias polipeptídicas, e a sua conformação espacial determina a especificidade das reacções enzimáticas. Os cofactores podem ser iões metálicos, porfirinas de ferro ou pequenos compostos orgânicos moleculares contendo vitaminas B, e os tipos de factores coenzimáticos determinam os tipos e as propriedades das reacções enzimáticas. Embora o corpo contenha numerosos tipos de enzimas, a diversidade de cofactores enzimáticos é limitada, com várias enzimas a partilharem frequentemente iões metálicos ou pequenas moléculas orgânicas como cofactores. Entre estes, os iões metálicos facilitam principalmente a transferência de electrões, enquanto alguns podem contribuir para estabilizar a conformação das moléculas de enzimas. As pequenas moléculas orgânicas são utilizadas principalmente para transferir protões, electrões ou determinados grupos químicos. Os cofactores comuns incluem o dinucleótido de nicotinamida adenina (NAD), o dinucleótido de flavina adenina (FAD), o fosfato de nicotinamida adenina dinucleótido (NADP) e a piridinolina quinona (PQQ). A um pH moderado, à pressão atmosférica e a temperaturas normais, as reacções catalisadas por eles são milhões a triliões de vezes mais rápidas do que as reacções não catalisadas. Ao manter o substrato no lugar, a enzima actua no grupo de reação do substrato, convertendo-o em intermediários que facilitam a reação, ajudando assim na estabilização do estado de transição. A voltametria e a amperometria são ambas técnicas de análise eléctrica habitualmente utilizadas para avaliar a cinética enzimática. O bioelectrodo pode ser estabilizado a um potencial em que o meio, o cofator ou o local ativo podem ser electrolisados para estudar diretamente a taxa catalítica (ou seja, a densidade da corrente) em função do aumento da concentração em condições de estado estacionário, resultando num gráfico em "degrau". A Fig.1-5 fornece um mapa direto e em tempo real do comportamento catalítico transiente e em estado estacionário de um número muito reduzido de enzimas electroactivas. Os efeitos da alteração do potencial do elétrodo, da concentração do substrato ou do tampão, do pH e da composição atmosférica podem ser detectados com relativa facilidade numa única experiência. A maioria das enzimas utilizadas nas EBFCs são enzimas redox e, em geral, as enzimas anódicas são principalmente oxidase ou desidrogenase, com NAD ou FAD como cofactores. As enzimas catódicas são principalmente enzimas redox com cofactores de iões metálicos, como a peroxidase de rábano com iões de ferro como cofator, a Lac e a BOD com iões de cobre como cofator. As enzimas redox habitualmente utilizadas nas células de biocombustível de glucose são apresentadas a seguir.

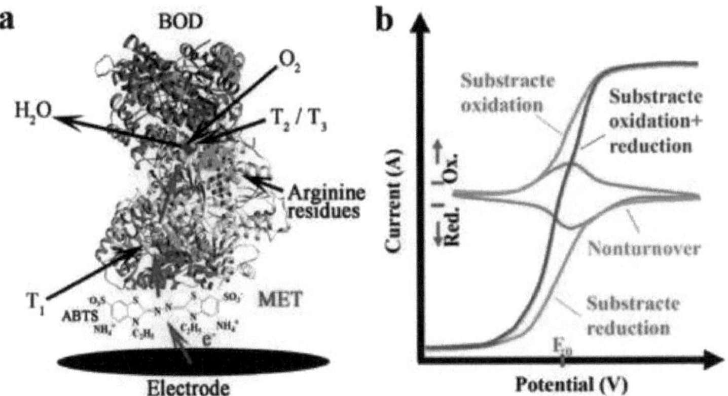

Fig.1-5 (a) Diagrama esquemático da transferência de electrões entre a superfície do elétrodo eletroquímico da membrana proteica e o sítio ativo da enzima, catalisando a conversão mútua entre substratos de oxidação e redução (por exemplo, bilirrubina oxidase); (b) Simulação das curvas de voltametria catalítica da enzima em condições cíclicas e em pares redox não cíclicos.

1.6. 1 Enzimas anódicas comuns

1.6.1.1 Glucose oxidase (GOx)

As oxidoredutases estão divididas em dois grupos, GOxs e glucose desidrogenases (GDHs), dependendo da sua capacidade de reagir com aceitadores externos de electrões. As glucose oxidases são definidas como oxidorredutases que podem utilizar o oxigénio como acetor externo de electrões, libertando peróxido de hidrogénio. As glucose desidrogenases são definidas como oxidoredutases que não conseguem utilizar o oxigénio como acetor de electrões e, em vez disso, transferem electrões para vários aceptores de electrões naturais e artificiais. Curiosamente, enquanto as GOxs são capazes de utilizar o oxigénio, bem como uma variedade de outros aceitadores de electrões, as GDHs com FAD não são capazes de utilizar o oxigénio, apesar de terem o mesmo cofator redox e possuírem semelhanças estruturais significativas com as GOx. A glucose oxidase (GOx) do fungo Aspergillus niger é uma enzima homodimérica, com uma molécula de FAD ligada de forma não covalente, mas firme, no local ativo de cada subunidade de 80 kDa, que é a enzima redox mais estudada para aplicações electroquímicas . [60-64]A GOx está facilmente disponível e é altamente ativa. Trata-se de uma enzima muito estável e robusta. O seu peso molecular é de cerca de 160 kDa, dependendo do nível exato de glicosilação. A GOx é uma flavoproteína que catalisa a oxidação da β-D-glucose no seu primeiro grupo hidroxilo, utilizando o oxigénio molecular como acetor de electrões, para produzir D-glucono-delta-lactona e peróxido de hidrogénio. A enzima é altamente específica para a oxidação da β-D-glicose e a reação ocorre através de um mecanismo de "pingue-pongue" em que um dos locais activos da flavina oxidada (FAD) no homodímero reage com o substrato para dar a flavina reduzida (FADH2) e o produto gluconolactona. A glucose oxidase é uma enzima representativa da família da glucose/metanol/colina (GMC) oxidoredutase. Esta família grande e diversificada inclui muitas enzimas importantes para a indústria, especialmente no domínio do diagnóstico, como a colesterol oxidase, a álcool oxidase, a aminoácido oxidase e a piranose oxidase. Como o centro ativo da GOx está enterrado profundamente na proteína, a distância entre ele e o elétrodo excede a distância mínima para a transferência de electrões. Todos os estudos concordam que a taxa de transferência de electrões através da proteína diminui exponencialmente com a distância e que a transferência rápida de electrões através das proteínas se restringe a cerca de 0,8 nm ou menos, com a taxa de DET a diminuir em cerca de 10^4 quando a distância aumenta de 0,8 para 1,7 nm. Isto torna a observação da DET para o GOx bastante improvável, sendo frequentemente necessário introduzir um mediador como o ferroceno ou o polímero de ósmio para promover a transferência de electrões. Os progressos têm-se concentrado na ligação do centro redox da enzima ao elétrodo. A principal abordagem consiste na utilização de vários fios moleculares, como polímeros ligados a complexos de ósmio[65] , derivados artificiais de cofactores[66] , tienoviologens[67] , nanotubos de carbono[68] , ou nanofibras[69] . Alternativamente, a desglicosilação da enzima aumentou a eficiência da capacidade de transferência direta de electrões[70] , presumivelmente diminuindo a distância entre o centro redox da enzima e o elétrodo, que se acredita estarem demasiado afastados para transferir electrões na enzima glicosilada nativa .[71]

1.6.1.2 Glucose desidrogenase (GDH)

A oxidoredutase pode ser dividida em oxidase e desidrogenase, consoante a participação do O_2 no processo de oxidação do substrato catalisado pela enzima. Entre estas, a desidrogenase é uma classe de enzimas que catalisa a remoção de hidrogénio do substrato e não necessita de O_2 como aceitador de protões ou de electrões durante a catálise. Em geral, a GDH utiliza NAD, FAD e PQQ como aceptores de protões e electrões para catalisar a oxidação da β-D-glicose em β-D-gliconolactona, enquanto os cofactores do estado de oxidação são reduzidos. A reação catalítica ocorre quando a GDH, com NAD como cofator, catalisa a oxidação da glucose. A corrente catalítica da pirroloquinolina quinona (PQQ)-glicose desidrogenase (PQQ-GDH) imobilizada sobre verde de metileno electropolimerizado (MG) é aumentada apenas cinco vezes após a adição do mediador de difusão livre . [72]

1.6.2 Enzimas catódicas comuns

1.6.2.1 Lacas

As lacases são as oxidases multinucleares contendo cobre (MCOs) mais amplamente estudadas e podem ser utilizadas numa variedade de aplicações biotecnológicas, desde aplicações alimentares ao branqueamento de polpa, coloração de cabelo e síntese orgânica[73-75] . Foram identificadas mais de 220 espécies em plantas superiores[76] , fungos[77] , bactérias[78] , líquenes[79] e esponjas[80] . As lacases catalisam a oxidação monoelectrónica de substratos à custa do oxigénio molecular. Utilizando o oxigénio molecular como acetor final de electrões, libertam apenas água como subproduto e, como tal, as lacases são biocatalisadores ecológicos e versáteis que geraram um enorme interesse biotecnológico. Os substratos das lacases incluem compostos aromáticos, iões metálicos e organometálicos[81] . Até à data, foram resolvidas cerca de 90 estruturas de lacases por cristalografia de raios X, incluindo estruturas nativas e mutantes, bem como estruturas complexadas com substratos, inibidores e produtos de oxidação[82] . A molécula de lacase é uma glicoproteína dimérica ou tetramérica, que contém geralmente quatro átomos de cobre por monómero, distribuídos em três sítios redox . [83]As reacções da lacase ocorrem através da oxidação monoelectrónica de uma molécula de substrato adequada no radical reativo correspondente. O processo redox envolve dois sítios individuais que ligam o substrato redutor e O_2 com quatro átomos de cobre catalíticos, o cobre paramagnético de tipo 1 (T1Cu) responsável pela cor azul caraterística da proteína no estado de repouso reduzido[84] ; o T2Cu e os dois T3Cu que estão agrupados a 12 Å de distância do T1Cu. O resultado global do ciclo catalítico é a redução de O_2 a duas moléculas de água, recebendo quatro electrões consecutivos de quatro reacções de mono-oxidação independentes[85-87] . Estes intermediários reactivos podem então produzir dímeros, oligómeros e polímeros.

1.6.2.2 Bilirrubina oxidase (CBO)

A bilirrubina oxidase é uma subclasse da família das Multicopper oxidases e foi utilizada pela primeira vez para a deteção da bilirrubina , descoberta em 1981 por Tanaka e Murao [88] . A bilirrubina, constituída por tetrapirrol, é o produto da degradação fisiológica do heme e o principal pigmento da bílis. Catalisa a oxidação da bilirrubina em biliverdina, daí a classificação de bilirrubina oxidase, e tem sido utilizada principalmente na determinação da bilirrubina no soro e, por conseguinte, no diagnóstico da iterícia. As BODs apresentam uma elevada atividade e estabilidade a pH neutro, uma elevada tolerância aos aniões cloreto e outros quelantes e, para algumas espécies, uma elevada tolerância térmica. Desde 2001 e o trabalho pioneiro de Tsujimura, estas CBO têm atraído muita atenção para a redução de O_2 . Ao contrário das lacases, as CBO apresentam uma elevada atividade e estabilidade a pH neutro, uma elevada tolerância aos aniões cloreto e outros quelantes e, para algumas espécies, uma elevada tolerância térmica. Nos últimos 7 anos, foram publicados mais de 120 artigos.

Capítulo 2: Melhoria do desempenho bioelectrocatalítico dos eléctrodos enzimáticos através da regulação estrutural do carbono derivado do asfalto para células de biocombustível de glucose/O_2

Os materiais do elétrodo desempenham um papel extremamente importante na construção das comunicações interfaciais de electrões entre os locais activos das enzimas e a superfície do elétrodo, o que afecta significativamente o desempenho de uma célula de biocombustível enzimático (EBFC). Neste caso, o carbono poroso defeituoso é racionalmente concebido e preparado utilizando o asfalto como precursor de baixo custo e elevado rendimento de carbono através de um processo de pirólise catalítica fácil e de um processo de gravação NH_3. O carbono derivado de asfalto defeituoso obtido (D-ADC) é utilizado como material de elétrodo para imobilizar enzimas e mediadores na aplicação EBFC. Verifica-se que a morfologia e a estrutura do ADC podem ser reguladas pelos processos de pirólise catalítica e de gravação NH_3, que aumentam consideravelmente os locais electroactivos e a área de superfície específica, melhorando assim a cinética da reação catalítica. Especificamente, a EBFC fabricada utilizando D-ADC como material de elétrodo apresenta uma tensão de circuito aberto de 0,58 V e fornece uma densidade máxima de potência de saída de 0,32 mW cm^{-2} com uma densidade de corrente de curto-circuito de 1,12 mA cm^{-2}, comparável à que utiliza grafeno convencional e nanotubos de carbono. Este trabalho oferece orientações para a conceção de materiais de carbono funcionais na aplicação de EBFCs, que têm o potencial de melhorar a sustentabilidade e a eficiência económica do asfalto residual.

2.1 INTRODUÇÃO

As células de biocombustível enzimático (EBFC) estão a emergir como uma fonte de energia promissora e sustentável nas tecnologias de energia alternativa limpa devido à sua capacidade de converter diretamente energia química em eletricidade através de reacções enzimáticas[89]. O mecanismo de funcionamento das EBFC é semelhante ao das células de combustível convencionais, em que os combustíveis são oxidados cataliticamente através dos biocatalisadores anódicos, os electrões produzidos são transferidos para o cátodo para reduzir o O_2, produzindo assim eletricidade através de circuitos externos[90]. As EBFC têm um interesse significativo em dispositivos biomédicos e portáteis do que as células de combustível convencionais devido à sua elevada eficiência catalítica à temperatura ambiente e em condições neutras.[91-93]

No entanto, a "ligação eléctrica" eficaz das enzimas continua a colocar obstáculos. A transferência de electrões entre a enzima e a superfície do elétrodo afecta diretamente a potência de saída das EBFCs. Os locais activos da enzima estão profundamente enterrados no interior da proteína isolante, o que resulta numa taxa de transferência de electrões lenta e numa baixa eficiência de transporte de massa do substrato. Por conseguinte, o desempenho das EBFC fica geralmente aquém das expectativas, apesar da utilização de enzimas altamente activas e de materiais de eléctrodos condutores[94]. Teoricamente, a tensão de circuito aberto (OCV) ideal e uma excelente produção de energia podem ser obtidas se os electrões incorporados nos locais activos das proteínas forem transferidos diretamente para a superfície do elétrodo, o que se designa por mecanismo de transferência direta de electrões (DET).[95,96] No entanto, a concretização do DET depende fortemente da localização e orientação dos locais catalíticos activos das enzimas no interior do invólucro isolado da proteína, o que leva a uma diminuição da eficiência da transferência interfacial de electrões. Assim, são utilizadas pequenas moléculas orgânicas com um potencial redox adequado para transferir electrões entre os locais activos das enzimas e a superfície do elétrodo, o que é descrito como mecanismo de transferência de electrões mediada (MET)[97-99]. Por exemplo, os bioanodos enzimáticos de glucose fabricados através da imobilização da glucose oxidase (GOx) numa película linear de poli(etilenimina) modificada com tetrametilferroceno geraram uma elevada densidade de corrente de 15,1 mA cm^2 com um elétrodo de feltro de carbono[100]. Shitanda et al. fabricaram um biocátodo através da co-imobilização da bilirrubina oxidase (BOD) e do ácido 2,2'-azino-bis(3-etilbenzotiazolina-6-sulfónico) (ABTS) em carbono modelado com MgO para catalisar a reação de redução do oxigénio (ORR), que produziu uma densidade de corrente ORR de 23,6 mA cm^{-2}[101]. Apesar da perda potencial das EBFCs na presença de mediadores, a elevada corrente catalítica pode compensar a potência de saída das EBFCs.

Os materiais dos eléctrodos são fundamentais na aplicação das EBFC, uma vez que influenciam significativamente a taxa de transferência de electrões no interior dos eléctrodos modificados[102-105]. Entre os vários candidatos, os materiais à base de carbono, como os nanotubos de carbono unidimensionais (CNT)[106,107] e as fibras de carbono (FC)[108,109], bem como as nanofolhas de óxido de grafeno reduzido bidimensional (rGO)[110,111], são considerados os materiais de elétrodo mais competitivos nas EBFC[107,112-114]. Até à data, muitos autores relataram a utilização de compósitos à base de CNTs e rGO no fabrico de bioelectrodos para melhorar o desempenho das EBFC. Por exemplo, Qin et al.[106] relataram a utilização do bioanodo GOx/Bi_3 Ti O_{28} F/CNTs-rGO e do biocátodo Apt/AuNPs/CNTs-rGO para fabricar um aptasensor auto-alimentado, exibindo uma vasta gama de linearidade e um baixo limite de deteção. Lee et al.[115] sintetizaram rGO utilizando a liofilização por pulverização na aplicação EBFC, que apresentou um OCV de 0,85 V e uma densidade de potência de saída de pico de 380 $\mu W\ cm^{-2}$. Kavita et al.[116] referiram que o enxerto químico de grupos activos de enzimas na superfície dos CNT melhorou a estabilidade do elétrodo enzimático e aumentou a atividade catalítica da bioproteína. Sumaryadaet al.[117] referiram que o GO podia ancorar com êxito a CBO, o que acelerava consideravelmente a redução catalítica de O_2 . Embora estes materiais à base de carbono pudessem ser utilizados eficazmente para imobilizar os catalisadores enzimáticos e os mediadores, os procedimentos de síntese destes materiais são complicados, especialmente no caso dos processos de deposição química de vapor, em que são necessários reagentes e equipamento especiais. Além disso, a utilização de metais nobres aumentaria o custo dos bioelectrodos, e a composição de óxidos metálicos e polímeros com GO apresenta uma área de superfície específica (SSA) inferior e uma condutividade eletrónica inferior à dos materiais de carbono puros[118] . Por conseguinte, a exploração de novos materiais carbonosos com baixo custo, elevada condutividade e abundantes sítios activos para imobilizar componentes biocatalíticos é de grande importância nas EBFC.

O asfalto é um resíduo indesejável produzido em grandes quantidades na indústria petrolífera, pois deposita-se facilmente nas condutas e equipamentos durante a escavação, tratamento e transporte do petróleo, o que reduz a produção de petróleo e aumenta o custo de manutenção dos equipamentos[119] . A conversão do asfalteno em produtos de elevado valor acrescentado pode proporcionar benefícios económicos e de sustentabilidade[120] . Por conseguinte, existe um interesse crescente em separar o asfalteno através de diferentes técnicas, como a adsorção ou a estabilização, para resolver os problemas causados pela deposição descontrolada de asfalteno. O asfalto é um precursor de carbono de baixo custo e de elevado rendimento[121] , o carbono derivado do asfalto (ADC) tem sido utilizado na adsorção[122-124] e no armazenamento e conversão electroquímicos de energia[125,126] , no entanto, poucos esforços têm sido dedicados ao desenvolvimento da utilização do ADC no domínio das EBFC. No nosso trabalho anterior, a ADC foi sintetizada através do recozimento térmico de uma mistura contendo Fe O_{23} e asfalto, e foi utilizada como material de elétrodo para co-imobilizar enzimas e mediadores na aplicação de EBFCs de glicose/ar auto-carregáveis através do comportamento de pseudocapacitância dos mediadores redox[127] . No entanto, o efeito da morfologia e da estrutura dos materiais dos eléctrodos no desempenho catalítico dos bioelectrodos não foi sistematicamente investigado.

Dado que o asfalto é um composto de hidrocarbonetos aromáticos e que o grau de grafitização do ADC é fácil de controlar, a morfologia e a estrutura do ADC podem ser reguladas durante o processo de recozimento térmico. Neste caso, o asfalto é utilizado como precursor para sintetizar carbono poroso defeituoso em aplicações de bioelectrocatálise. Verifica-se que as caraterísticas físico-químicas do ADC podem ser reguladas pelos processos de pirólise catalítica e de gravação de NH_3 , o que tem um efeito significativo no desempenho catalítico dos bioelectrodos fabricados. Consequentemente, a EBFC equipada com bioelectrodos modificados com ADC produz um OCV de 0,58 V, uma densidade de potência de pico de 0,35 mW cm^{-2} e uma densidade de corrente de curto-circuito de 1,32 mA cm^{-2} , comparável aos trabalhos anteriores que utilizaram CNTs convencionais e grafeno como materiais de eléctrodos. Os resultados fornecem orientações para a preparação de materiais de carbono funcionais e alargam o campo de aplicação do ADC.

2.2 SECÇÃO EXPERIMENTAL

2.2.1 Preparação de amostras de ADC.

Para a síntese do ADC, o $K_2 FeO_4$ e o asfalto foram misturados com uma quantidade adequada de $H_2 O$ por trituração durante 45 minutos. As proporções em massa de asfalto para $K_2 FeO_4$ foram 1:0, 3:1, 2:1, 1:1, 1:2 e 1:3, respetivamente. A mistura foi seca no forno a 65 °C durante a noite. O pó resultante foi então carregado em um cadinho de $Al O_{23}$ e aquecido a 1200 ° C por 2 h (2 °C min^{-1}) em um forno tubular sob atmosfera de nitrogênio a uma taxa de fluxo de gás de 15 m / s. Após arrefecimento natural, as amostras obtidas foram imersas numa mistura contendo 2 M $H_2 SO_4$ e 3 M HNO_3 a 75 °C durante 24 h para remover as impurezas. A mistura foi filtrada e lavada com uma grande quantidade de água desionizada. Após secagem, os produtos correspondentes foram designados por ADC-1-0, ADC-3-1, ADC-2-1, ADC-1-1, ADC-1-2, ADC-1-3, respetivamente.

Para aumentar a SSA e produzir mais defeitos nos materiais de carbono, o ADC-1-1 foi selecionado como representante e posteriormente recozido em atmosfera NH_3 . Resumidamente, o ADC-1-1 obtido foi carregado num cadinho de $Al O_{23}$ e colocado num forno tubular. Após a introdução de N_2 durante 10 minutos a um caudal de gás de

15 m/s para remover o ar do tubo, o forno foi então aquecido a 1200 °C (2 °C min^{-1}). Depois disso, o gás NH_3 foi introduzido no forno e mantido durante 2 h, e o caudal de gás é de 10 m/s. Durante o recozimento, o NH_3 redutor pode reagir com os grupos que contêm oxigénio (hidroxilo, carbonilo, carboxilo, etc.), o que desoxidou ainda mais o material de carbono resultante. Após arrefecimento em N_2 , o produto resultante (denotado como D-ADC-1-1) foi lavado com água desionizada e seco em estufa a 60 °C.

2.2.2 Fabrico do elétrodo de trabalho

O elétrodo de carbono vítreo funcionalizado com enzima/mediador/ADC (GCE, área geométrica: 0,07 cm^{-2}) foi utilizado como elétrodo de trabalho. O tetratiafluvaleno (TTF) e o ABTS foram utilizados como mediadores para transportar electrões dentro do bioanodo e do biocátodo, respetivamente. Resumidamente, o GCE foi polido num pano de polimento com pasta de Al O_{23} (50 nm e 30 nm) e tratado por ultra-sons em água desionizada, acetona, álcool etílico e água desionizada, em sequência, para formar uma superfície espelhada. 10 mg de ADC foram dispersos em 1 mL de dimetilformamida por sonicação. 10 μL da dispersão de ADC e 2 μL de solução de TTF (5 mg mL^{-1} em acetonitrilo) foram misturados por vórtice. 5 μL da suspensão foram deixados cair sobre a superfície lisa do GCE. Após secagem natural, 5 μL de solução de GOx (30 mg mL^{-1} em solução tamponada com fosfato 0,1 M (PBS) a pH 7,0) foram lançados na superfície do GCE modificado com ADC/TTF e o elétrodo foi armazenado a 4 °C durante 4 h. 3 μL de solução de Nafion 0.5% de solução de Nafion (álcool isopropílico: acetona: água = 1: 1: 6, por proporção volumétrica) foi lançada sobre a superfície do GCE modificado com ADC/TTF/GOx e o elétrodo foi reservado num frigorífico a 4 °C durante 2 h (designado por ADC/TTF/GOx, **Fig.2-1a**). Para a preparação do biocátodo ADC/ABTS/BOD (**Fig.2-1b**), 2 μL da solução de ABTS (10 mg mL^{-1} em água desionizada) foram misturados com a dispersão de ADC (10 μL) para formar uma tinta homogénea. 5 μL da mistura foram lançados sobre o GCE. Após a secagem, 5 μL de BOD (20 mg mL^{-1} em 0,1 M PBS a pH 7,0) foram lançados na superfície do GCE modificado com ADC/ABTS e armazenados a 4 °C durante 3 h. Depois disso, 3,5 μL de Nafion 5‰ foram lançados na superfície do GCE modificado com ADC/ABTS e secos a 4 °C antes da utilização. Para comparação, foram preparados os bioelectrodos ADC/TTF/GOx e ADC/ABTS/BOD.

2.2.3 Fabrico de EBFCs

Papel carbono (CP) com espessura de 0,19 mm e densidade de 0,44 g cm^{-3} foi utilizado como coletor de corrente para a fabricação de bioanodo e biocatodo na montagem de

EBFCs. Antes da utilização, o CP foi lavado por ultra-sons em HCl 3 M, água desionizada e álcool etílico, sucessivamente. Para preparar o bioanodo, 225 μL da suspensão de ADC/TTF foram lançados sobre a superfície do CP (área geométrica: 3,14 cm^2) e secos em fluxo de N_2 (denotado como ADC/TTF/CP). Em seguida, 113 μL de solução de GOx foram colocados na película de ADC/TTF/CP e o elétrodo foi seco a 4 °C durante 4 h (designado por ADC/TTF/GOx/CP). A massa de carga de GOx no CP foi de *cerca de* 1,08 mg cm^{-2} . O biocátodo ADC/ABTS/BOD/CP foi fabricado utilizando o mesmo procedimento, substituindo GOx e TTF por BOD e ABTS. A operação específica da solução electrolítica inclui: adicionar 1 mL de glucose 2 M a 19 mL de solução de PBS 0,5 M (pH 7,0) para produzir uma solução de glucose 0,1 M, e o solvente da solução de glucose é PBS 0,5 M (pH 7,0). As EBFC de glucose/O_2 foram montadas numa célula de câmara única sem membrana. A carga de massa de CBO na CP foi de *cerca de* 0,72 mg cm .$^{-2}$

2.2.4 Medições electroquímicas

As experiências de bioelectrocatálise foram investigadas numa estação de trabalho eletroquímica CHI 660B num sistema de três eléctrodos. O GCE funcionalizado com ADC/TTF/GOx e ADC/ABTS/BOD foi utilizado como elétrodo de trabalho, um Ag/AgCl em KCl 3 M saturado foi utilizado como elétrodo de referência e uma folha de platina foi utilizada como contra-elétrodo. A espetroscopia de impedância eletroquímica (EIS) foi realizada em KCl 0,1 M contendo 5 mM $[Fe(CN)]_6^{3-/4-}$ na frequência entre 0,1 Hz ~ 100 kHz, com uma amplitude de 5 mV. As experiências de voltametria cíclica (CV) foram investigadas em PBS 0,5 M (pH 7,0) contendo 0,1 M de glucose. A voltametria de varrimento linear (LSV) e a descarga galvanostática foram medidas para avaliar o desempenho das EBFCs de câmara única montadas. As curvas LSV foram registadas desde OCV das EBFCs até 0 V a 1,0 mV s^{-1} . Os testes de descarga galvanostática foram realizados num sistema de teste de baterias CT2001. Foi utilizado como eletrólito PBS 0,5 M (pH 7,0) contendo glucose 0,1 M.

2.2.5 Caracterização dos materiais

A estrutura cristalina das amostras foi investigada por difração de raios X (XRD) na Nishiko Ultima IV Corporation. A espetroscopia de fotoelectrões de raios X (XPS) foi realizada no Thermo ESCALAB 250XI com radiação monocromática Al-Kα a 12 kV. O microscópio eletrónico de varrimento por emissão de campo (SEM) foi utilizado no Zeiss Sigma 300 com detetor de electrões retrodifundidos a uma tensão de aceleração de 2,0 kV. A estrutura e a micro-morfologia das amostras foram caracterizadas por microscopia eletrónica de transmissão (TEM, JEOL JEM 2100F) a uma tensão de aceleração de 200 kV sob campo luminoso. Os espectros Raman foram registados num espetrómetro Raman (LabRam HR Evolution) equipado com um laser de 514 nm. As medições de adsorção/dessorção de N_2 foram efectuadas no instrumento Micrometrics ASAP2460 a 77 k. A SSA e a distribuição da dimensão dos poros das amostras foram calculadas utilizando o método Brunauer-Emmett-Teller e o modelo Barret-Joyner-Halenda, respetivamente.

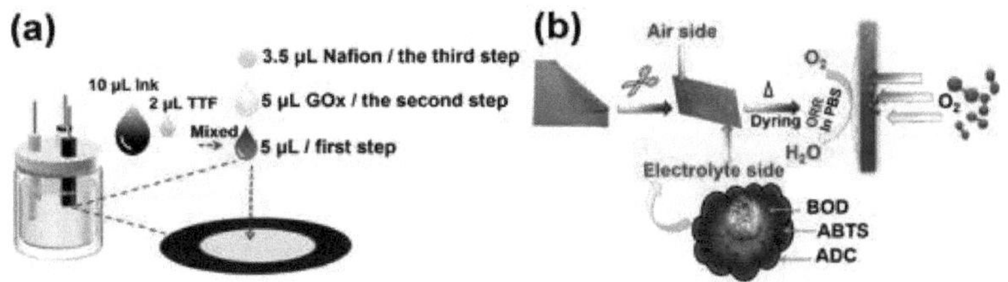

Fig. 2-1 Diagrama esquemático da preparação do bioelectrodo. (a) Processo de modificação do bioanodo ADC/TTF/GOx e (b) do biocátodo ADC/ABTS/BOD.

2.3. RESULTADOS E DISCUSSÃO

2.3.1. Síntese e caraterização das amostras de ADC

O K_2 FeO_4 foi utilizado como catalisador e modelo para a preparação de ADC. Foi investigada a influência da dosagem de K_2 FeO_4 no rendimento em carbono. A Fig.2-2a mostra que o rendimento em carbono do asfalto diminui com o aumento de K_2 FeO_4 . O rendimento em carbono do asfalto puro em atmosfera de N_2 é tão elevado como 78,2%. A diminuição do rendimento em carbono com o aumento de K_2 FeO_4 pode ser atribuída à corrosão a alta temperatura pelo óxido de ferro (Fe O_{23} + 3C→ 2Fe + 3CO) produzido a partir da decomposição de K_2 FeO_4 durante o recozimento. Os caracteres da reação eletroquímica das amostras ADC foram investigados por CV em KCl 0,1 M contendo 5 mM $Fe[(CN)]_6^{3-/4-}$. O GCE modificado com ADC-1-1 apresenta a maior corrente redox (0,89 mA cm^{-2}) entre os seis eléctrodos (Fig.2-2b), enquanto a corrente redox do GCE modificado com ADC-1-0 é muito semelhante à do GCE simples. O aumento da corrente redox observado no GCE modificado com ADC-1-1 pode ser atribuído à elevada área de superfície específica e ao volume de poros do D-ADC-1-1, que serão discutidos mais adiante. O resultado indica que a utilização de K_2 FeO_4 é útil para aumentar a área electroactiva da ADC. É sabido que o NH_3 é um gás redutor, que pode reagir com os grupos que contêm oxigénio nos materiais de carbono durante o recozimento, desoxidando assim o material de carbono resultante.

Consequentemente, o ADC-1-1 que apresenta a maior corrente redox na reação redox de $Fe[(CN)]_6^{3/4-}$ entre as amostras de ADC foi recozido em atmosfera de NH_3. Consequentemente, o D-ADC-1-1 apresenta uma densidade de corrente redox melhorada de 1,11 mA cm^{-2} quando comparado com os outros eléctrodos (Fig.2-2b).

Os padrões de XRD das amostras de ADC obtidas mostram que o ADC-1-1 apresenta a intensidade de pico de difração mais fraca entre as amostras, indicando o seu baixo grau de grafitização (Fig.2-3c). O aumento da dosagem de K_2FeO_4 resulta numa forte intensidade do pico de difração e na redução da amplitude do meio pico, sugerindo que a utilização de K_2FeO_4 pode catalisar a grafitização da ADC. Os picos caraterísticos com valores 2θ de 26,38° e 43,02° são atribuídos aos planos cristalinos (002) e (101) do carbono, respetivamente (Fig.2-2d). O pico de difração do plano cristalino (002) é deslocado para um ângulo elevado no caso do D-ADC-1-1, indicando a diminuição do espaçamento interplanar de acordo com a equação de Bragg. Um novo pico de difração a 44,67° é detectado no D-ADC-1-1, que pode ser atribuído aos planos cristalinos (102) do carbono, indicando a presença de empilhamento π-π intermolecular e hibridação sp^3[128]. O conteúdo elementar e o estado de ligação química das amostras foram investigados por XPS. Como se mostra na Fig.2-2f, os espectros XPS de varrimento de ADC-1-1 e D-ADC-1-1 revelam que o teor de carbono de D-ADC-1-1 (96,08 at.%) é superior ao de ADC-1-1 (92,01 at.%). Após recozimento em NH_3, o teor de oxigénio diminui de 6,91 at.% para o ADC-1-1 para 3,21 at.% para o D-ADC-1-1, demonstrando que o NH redutor$_3$ é benéfico para remover os grupos que contêm oxigénio. Note-se que não é possível detetar qualquer espécie de N no D-ADC-1-1 após a gravação com NH_3, o que sugere que não ocorre dopagem com N. A diminuição dos grupos contendo oxigénio no D-ADC-1-1 também pode ser validada pela diminuição da intensidade dos picos O-C-O e C=O nos espectros XPS de C 1s ajustados (Fig.2-2e).

A espetroscopia Raman foi utilizada para investigar a qualidade das amostras obtidas. Como ilustrado na Fig.2-2g, as amostras apresentam dois picos caraterísticos a □1330 cm^{-1} e □1582 cm^{-1}, correspondendo à banda D e à banda G, respetivamente. A banda G está relacionada com a vibração no plano E_{2g} simétrico da grafite, enquanto a banda D é a banda caraterística do carbono desordenado e tem correlação com a hibridação sp^3 do carbono[129]. O número de defeitos em materiais de carbono está positivamente correlacionado com o rácio de intensidade relativa (I_D/I_G) entre as bandas D da complexidade da estrutura molecular e as bandas G das propriedades vibracionais[130]. O valor I_D/I_G do ADC-1-1 (1,14) é superior ao do ADC-1-0 (1,00), indicando que a utilização de $K_2 FeO_4$ produz mais defeitos no ADC. O D-ADC-1-1 tem o valor mais elevado *de* I_D / I_G (1,35) entre as três amostras, o que sugere que o D-ADC-1-1 possui muitos defeitos e desordens. A explicação possível é que o NH_3 redutor pode reagir com os grupos que contêm oxigénio, o que produz mais cavidades no D-ADC-1-1, aumentando assim o grau de defeito do D-ADC-1-1. Além disso, a SSA e a estrutura dos poros das amostras de ADC foram caracterizadas por medições de adsorção/dessorção de N_2 (Fig.2-2h,i), e estão resumidas na Tabela 2-1. Verifica-se que a ADC-1-0 tem a SSA e o volume total de poros mais baixos, contendo principalmente mesoporos e macroporos. A ADC-1-1 mostra um aumento da SSA e do volume total de poros, indicando que a utilização de $K_2 FeO_4$ é conducente ao aumento da SSA e do volume de poros da amostra. Após o condicionamento com NH_3, a SSA e o volume total de poros do D-ADC-1-1 aumentam significativamente, especialmente, o conteúdo de mesoporos e macroporos atinge 99,96%. A grande quantidade de mesoporos e macroporos é muito propícia à imobilização de enzimas e à transferência de massa de substrato, aumentando assim a corrente catalítica. Em geral, o conteúdo de microporos nas amostras é baixo. Foi provado que os microporos não são propícios à infiltração de eletrólito aquoso[131-133], pelo que um elevado teor de microporos pode diminuir a atividade catalítica.

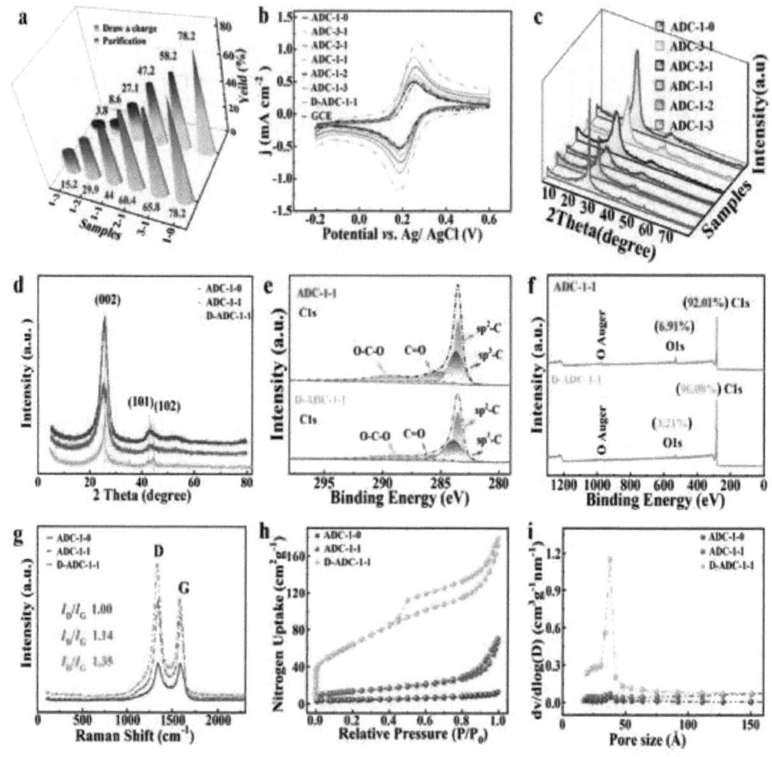

Fig.2-2 (a) Rendimento de carbono em diferentes proporções mássicas de asfalto para $K_2 FeO_4$. (b) Curvas CV de GCE simples e GCE modificado com ADC em KCl 0,1 M contendo 5 mM $[Fe(CN)]_6^{3-/4-}$ a 10 mV s^{-1} . (c) Padrões de XRD de amostras de ADC com diferentes dosagens de $K_2 FeO_4$. (d) Padrões de XRD de ADC-1-0, ADC-1-1 e D-ADC-1-1. (e) Espectros XPS de C 1s de ADC-1-1 e D-ADC-1-1. (f) Espectros XPS de ADC-1-1 e D-ADC-1-1. (g) Espectros Raman e (h) isotérmicas de adsorção/dessorção de N_2 de ADC-1-0, ADC-1-1 e D-ADC-1-1.(i) A correspondente distribuição diferencial do tamanho dos poros das amostras de ADC.

Tabela 2-1 Comparação de SSA e estrutura de poros de D-ADC-1-1, ADC-1-1 e ADC-1-0.

Amostras	SSA $(m^2 g)^{-1}$	Volume total dos poros $(m^3 g)^{-1}$	Conteúdo de microporos (%)	Conteúdo dos mesoporos (%)	Teor de macroporos (%)

ADC-1-0	15.00	0.02	0.009	61.72	38.27
ADC-1-1	47.34	0.11	0.02	87.88	12.10
D-ADC-1-1	234.21	0.28	0.04	96.65	3.31

A morfologia das amostras de ADC foi caracterizada utilizando SEM. A Fig.2-3 mostra imagens SEM das amostras de ADC obtidas. É observada uma estrutura altamente estratificada na ausência de K_2 FeO_4 (Fig.2-3a). A estrutura densamente estratificada pode contribuir para a condutividade eletrónica, mas reduz a SSA da amostra. Com a adição de K_2 FeO_4 , a morfologia das amostras ADC muda de uma estrutura em camadas para uma arquitetura em forma de verme (Fig.2-3b-f). A Fig.2-4a mostra a imagem SEM da ADC-1-1, revelando uma estrutura porosa e aberta com uma superfície rugosa. Após o recozimento em gás NH_3 , o D-ADC-1-1 resultante apresenta uma morfologia fofa semelhante a uma nanoflorescência (Fig.2-4b). A imagem TEM do ADC-1-1 mostra uma estrutura tipo fita com bordos espessos (Fig.2-4c). Na imagem TEM do D-ADC-1-1 podem observar-se nanofolhas desordenadas e finas (Fig. 2-4d). A Fig.2-4e apresenta a imagem TEM de alta resolução (HR-TEM) do ADC-1-1. Observam-se franjas de rede inequívocas com *um espaçamento d* de 0,36 nm, que podem ser atribuídas aos planos de rede (002) da grafite[134] . Em contraste, o D-ADC-1-1 apresenta uma estrutura amorfa com pequenos e numerosos domínios grafíticos, como se pode ver na imagem HR-TEM (Fig.2-4f). Os resultados sugerem que a morfologia e a estrutura do ADC podem ser efetivamente reguladas pela pirólise catalítica de K_2 FeO_4 e pelos processos de gravação NH_3 . A composição química do D-ADC-1-1 foi caracterizada utilizando a espetroscopia de dispersão de energia de raios X (EDS). Como se mostra na Fig.2-5, os elementos C e O estão bem distribuídos no material, e as espécies de Fe podem ser detectadas no mapeamento elementar EDS com um teor atómico percentual de 0,05 at.%. A presença de Fe no carbono pode promover a atividade ORR, o que é benéfico para melhorar o desempenho da célula.

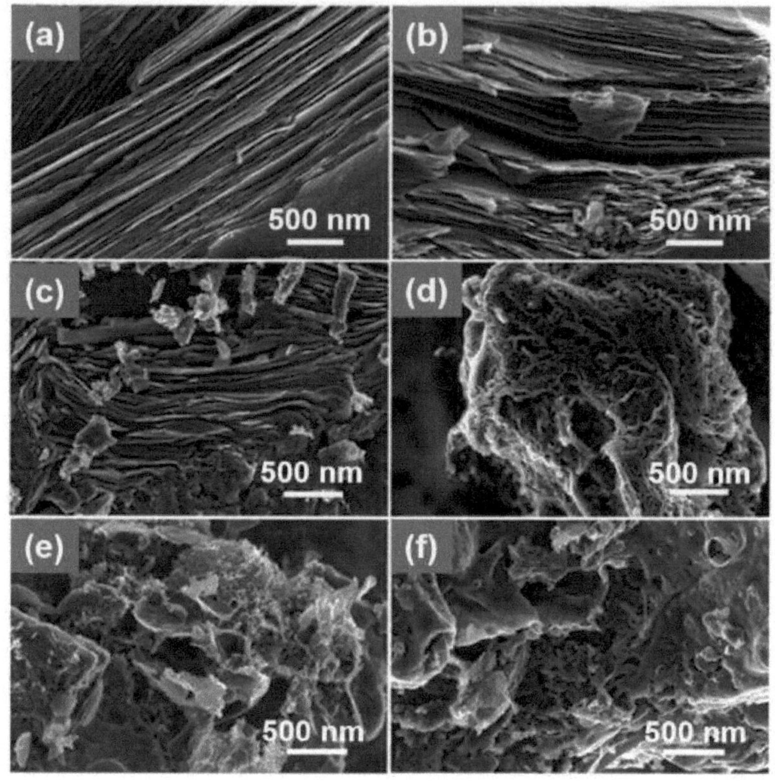

Fig.2-3 Imagens SEM de amostras de ADC obtidas com diferentes rácios de massa de asfalto para $K_2 FeO_4$. (a) 1:0, (b) 3:1, (c) 2:1, (d) 1:1, (e) 1:2, (f) 1:3.

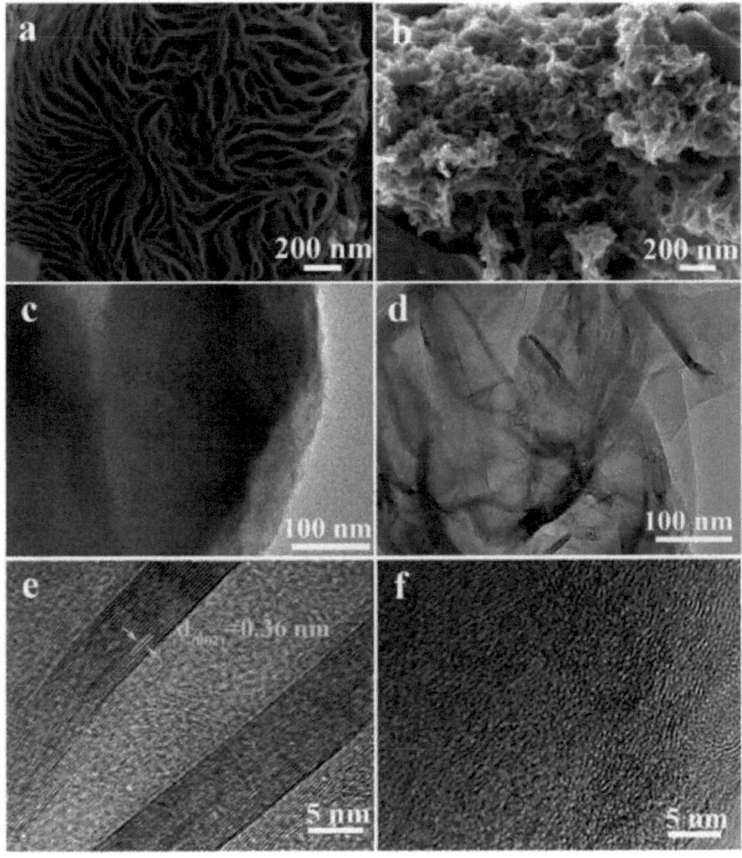

Fig.2-4 Imagens SEM de (a) ADC-1-1 e (b) D-ADC-1-1, imagens TEM de (c) ADC-1-1 e (d) P-ADC-1-1. Imagens HR-TEM de (e) ADC-1-1 e (f) D-ADC-1-1.

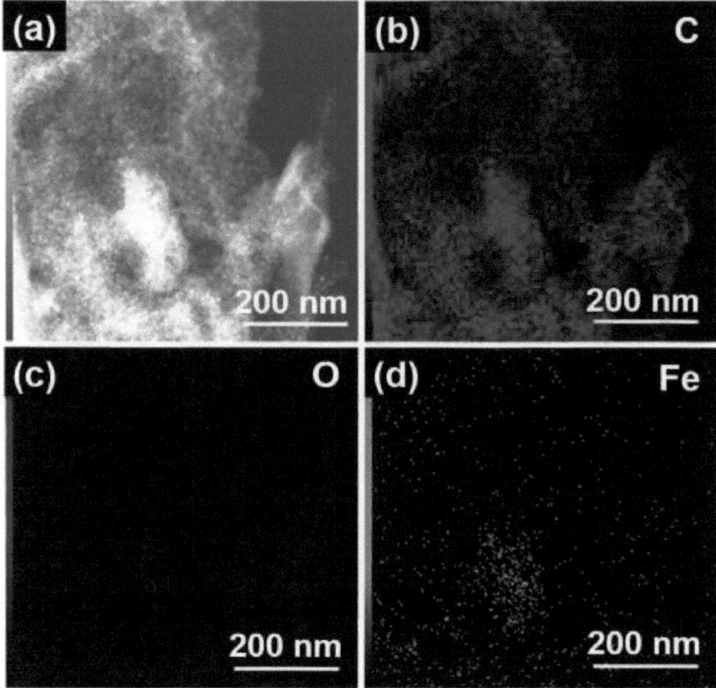

Fig.2-5 (a) Imagem HAADF-TEM e (b-d) as correspondentes imagens de mapeamento elementar EDS do D-ADC-1-1.

2.3.2 Desempenho eletroquímico

O comportamento de transferência de electrões dos eléctrodos modificados foi investigado utilizando o EIS. Os gráficos de Nyquist dos eléctrodos consistem em duas partes. A parte semi-circular na região de alta frequência está relacionada com o processo de transferência de carga na interface elétrodo/eletrólito, enquanto a parte linear na região de baixa frequência está relacionada com o processo de limitação da difusão. O GCE nu apresenta um semicírculo óbvio na área de alta frequência, enquanto o GCE modificado com D-ADC-1-1 apresenta quase uma linha reta (Fig. 2-6), o que sugere que o D-ADC-1-1 tem uma excelente cinética de transferência de carga[135,136] . Para investigar a estabilidade do catalisador, foram efectuadas medições de XRD e SEM no catalisador antes e depois do ciclo CV durante 100 vezes. A Fig.2-7 mostra os padrões de XRD do D-ADC-1-1 antes e depois de 100 ciclos de CV. Os picos de difração (002), (101) e (102) apresentam alterações insignificantes. Além disso, as imagens SEM revelam que a microestrutura do D-ADC-1-1 não se altera significativamente (Fig.2-8). Os resultados mostram que o D-ADC-1-1 tem uma excelente estabilidade estrutural. O ECG modificado com D-ADC-1-1/TTF/GOx apresenta um semicírculo maior do que o do ECG modificado com D-ADC-1-1, mas apresenta um semicírculo muito menor do que o do ECG nu na região de alta frequência, demonstrando que a presença de enzimas na superfície do elétrodo dificulta o processo de transferência de carga. Os resultados também verificam que a utilização de D-ADC-1-1 como material de elétrodo pode facilitar a cinética de transferência de carga na interface elétrodo/eletrólito. Assim, espera-se que, quando GOx e TTF são imobilizados em D-ADC-1-1, possa ocorrer um comportamento rápido de transferência de carga.

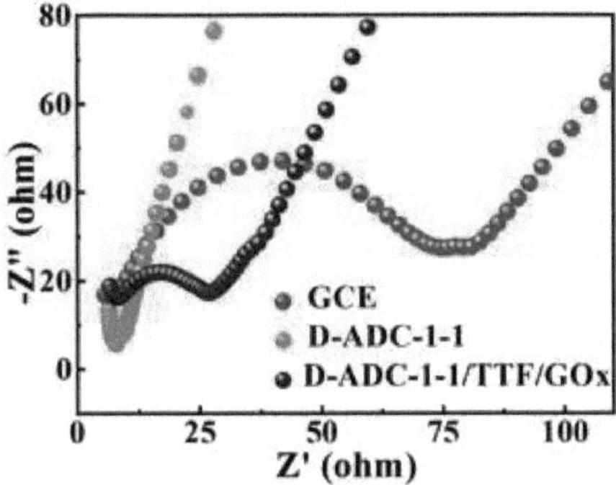

Fig.2-6 EIS do GCE simples, D-ADC-1-1/GEC e D-ADC-1-1/TTF/GOx/GCE em KCl 0,1 M contendo 5 mM de $Fe[(CN)]_6^{3-/4-}$

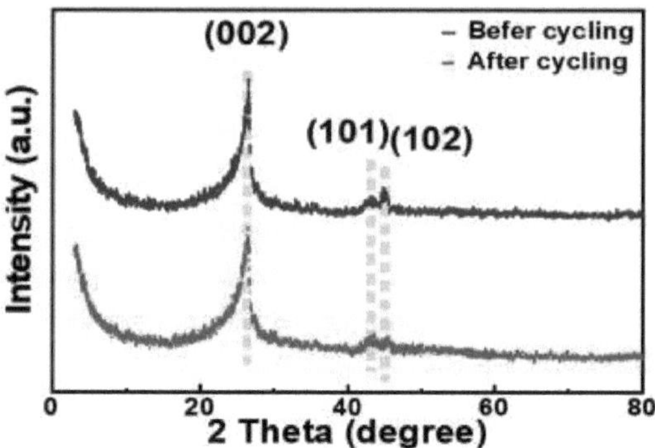

Fig.2-7 Padrões de XRD do D-ADC-1-1 antes e depois do ciclo CV em KCl 0,1 M contendo 5 mM $[Fe(CN)]_6^{3-/4-}$ durante 100 vezes a 10 mV s^{-1}

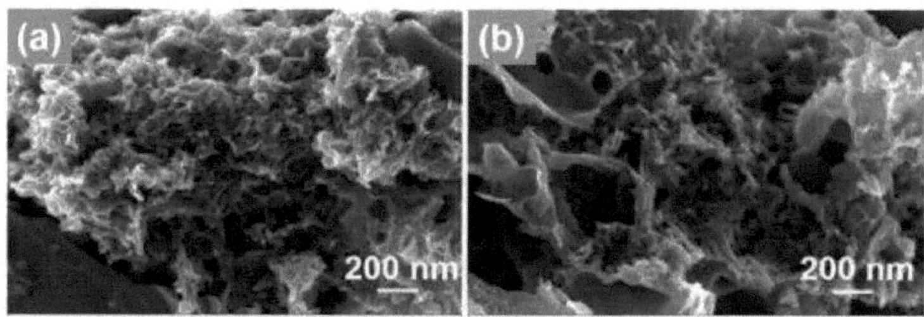

Fig.2-8 Imagens SEM de D-ADC-1-1 antes e depois do ciclo CV em KCl 0,1 M contendo 5 mM $[Fe(CN)]_6^{3-/4-}$ durante 100 vezes a 10 mV s . $^{-1}$

O desempenho eletroquímico dos eléctrodos modificados foi investigado por CV e LSV. Apenas a resposta capacitiva com curvas CV de forma quadrada pode ser detectada no GCE modificado com ADC-1-0- e ADC-1-1 sobre o potencial que varia de -0,1 V a 0,4 V (Fig.2-9a). Após a imobilização de GOx e TTF, o ADC-1-1/TTF/GOx apresenta correntes redox detectáveis devido à reação redox do par TTF/TTF^+ (Fig.2-9b). Quando se adiciona 0,1 M de glucose, é possível detetar um aumento proeminente da corrente de oxidação, demonstrando que ocorre a oxidação biocatalítica da glucose mediada por TTF. O desempenho catalítico dos bioelectrodos funcionalizados com ADC/GOx para a oxidação da glucose também foi investigado. Como se mostra na Fig.2-10, a densidade de corrente catalítica do bioanodo ADC-1-1/TTF/GOx é a mais elevada de todos os bioelectrodos, o que pode ser atribuído aos méritos estruturais e morfológicos do ADC-1-1. A Fig.2-11a mostra as curvas CV dos bioanodos ADC-1-1/TTF/GOx e D-ADC-1-1/TTF/GOx com ou sem glucose. O ADC-1-1/TTF/GOx apresenta uma densidade de corrente de oxidação aumentada de 0,93 mA cm^{-2} quando se adiciona 0,1 M de glucose ao eletrólito, enquanto a densidade de corrente de oxidação do D-ADC-1-1/TTF/GOx atinge 1,80 mA cm^{-2} após a injeção de 0,1 M de glucose, o que é quase o dobro do ADC-1-1/TTF/GOx. Os resultados sugerem que o D-ADC-1-1 com SSA elevado, defeito e grande volume de poros pode acomodar mais GOx e TTF para melhorar a corrente catalítica. Além disso, a relação entre o TTF e o GOx foi optimizada. Como se mostra na Fig.2-12, quando se utilizam 2μ L de solução de TTF, o bioanodo D-ADC-1-1/TTF/GOx-funcionalizado apresenta a maior densidade de corrente catalítica. O TTF, como mediador, é modificado no elétrodo para fazer o transporte de electrões entre os centros activos da enzima e a superfície do elétrodo durante o processo de catálise enzimática, uma vez que o TTF está mais próximo dos centros activos da enzima do que o material de suporte. Quando a quantidade de TTF é inferior a 2 μL, a pequena quantidade de TTF é insuficiente para transportar os electrões produzidos pela catálise enzimática. Quando a quantidade de TTF é superior a 2 μL, a corrente catalítica é determinada principalmente pela reação enzimática de oxidação da glucose. Além disso, o TTF escapa do elétrodo devido à sua solubilidade, pelo que o ânodo apresenta uma baixa corrente de oxidação da glucose quando é utilizada uma grande quantidade de TTF.

A especificidade da D-ADC-1-1/TTF/GOx em relação à glucose foi investigada utilizando a cronoamperometria com diferentes polarizações. Como se mostra na Fig.2-11b, é detectado um aumento óbvio da densidade de corrente após a injeção de 5 mM de glucose, enquanto não se observa qualquer resposta de corrente após a adição de UA, APAP e DA. A resposta de corrente aumenta com o aumento da polarização aplicada. Os resultados demonstram o excelente desempenho anti-interferência do bioanodo D-ADC-1-1/TTF/GOx construído. O desempenho bioelectrocatalítico ORR dos biocátodos fabricados foi investigado. Como se mostra na Fig.2-11c, a adição de glucose à solução tampão induz um aumento significativo da corrente de oxidação. A corrente de oxidação aumenta em 5 s e depois atinge uma corrente de estado estacionário, o que sugere a resposta rápida do sistema de bioânodos à glucose. A corrente de oxidação aumenta linearmente com a quantidade de glucose adicionada, de 0,5 mM a 10 mM, com um coeficiente de correlação linear (R) de 0,99 (Fig. 2-11d). A sensibilidade e o LOD são determinados como sendo 10 μA cm^{-2} mM^{-1} e 7,46 μM, respetivamente.

A Fig.2-11e mostra as curvas CV dos biocátodos ADC-1-1/ABTS/BOD e D-ADC-1-1/ABTS/BOD em PBS 0,5 M saturado com N_2 - e O_2 -. Observa-se um par de picos redox com $E_{1/2}$ = 0,47 V (*vs.* Ag/AgCl) no PBS saturado com N_2 , correspondendo à reação redox do mediador ABTS. Uma corrente de redução significativa de 0,63 mA cm^{-2} é detectada a *ca.* 0,44 V em PBS 0,5 M saturado de O_2 para o biocátodo D-ADC-1-1/ABTS/BOD, demonstrando a ocorrência do processo ORR mediado por ABTS. Esta corrente ORR catalítica é muito superior à do ADC-1-1/ABTS/BOD (0,33 mA cm^{-2}), confirmando a adequação da imobilização de enzimas e mediadores utilizando o D-ADC-1-1. Do mesmo modo, foi optimizada a relação entre o ABTS e a CBO. Como mostra a Fig.2-13, o biocátodo funcionalizado com D-ADC-1-1/ABTS/BOD, utilizando 2μ L de solução de ABTS, apresenta a maior densidade de corrente catalítica. É de notar que a limitação da transferência de massa devido aos substratos gasosos pouco hidrofílicos pode ser resolvida através da utilização de um elétrodo de difusão de gás[137] . A Fig.2-11f mostra as curvas CV do cátodo de ar D-ADC-1-1/ABTS/BOD/CP em PBS 0,5 M saturado de N_2 - e O_2 . O cátodo de ar apresenta uma cinética ORR ligeiramente mais rápida em PBS saturado com O_2 . São alcançadas densidades de corrente ORR elevadas de 1,56 mA cm^{-2} tanto no eletrólito saturado com N_2 como com O_2 . Os resultados indicam que o O_2 que participa na ORR provém principalmente do ar, validando a importância do cátodo de ar na catalisação da ORR.

Com base nos resultados discutidos acima, a oxidação da glucose pode ser conseguida no bioanodo D-ADC-1-1/TTF/GOx através de uma reação bioelectrocatalítica mediada por TTF, e a CBO imobilizada em D-ADC-1-1 demonstra um desempenho superior de ORR utilizando ABTS como mediador. Por conseguinte, o D-ADC-1-1 é um material de elétrodo inovador para a construção de EBFCs de glucose/O_2 de elevado desempenho. Assim, as EBFCs de glucose/O_2 sem membrana estão equipadas com o bioanodo D-ADC-1-1/TTF/GOx/CP e o biocátodo de ar D-ADC-1-1/ABTS/BOD/CP (**Fig.2-14**). Nesta configuração, o bioanodo D-ADC-1-1/TTF/GOx/CP é capaz de catalisar a oxidação da glicose para produzir ácido glucónico através do processo de transferência de electrões mediado pela TTF. Os electrões gerados são transferidos para o cátodo de ar D-ADC-1-1/ABTS/BOD/CP através de um circuito externo. No lado do bicátodo de ar, os electrões são transportados pelo ABTS e acedem aos locais activos enterrados da CBO, nos quais o O_2 do ar é reduzido a H_2 O, completando assim todo o processo catalítico e gerando eletricidade para o circuito externo.

A Fig.2-15a mostra as curvas LSV do bioanodo D-ADC-1-1/TTF/GOx/CP e do cátodo de ar D-ADC-1-1/ABTS/BOD/CP em PBS 0,5 M (pH 7,0) com glucose 0,1 M. Claramente, o bioanodo D-ADC-1-1/TTF/GOx/CP é capaz de catalisar a oxidação da glucose e o cátodo de ar D-ADC-1-1/ABTS/BOD/CP é capaz de catalisar a ORR. Os potenciais de circuito aberto do bioanodo D-ADC-1-1/TTF/GOx/CP e do cátodo de ar D-ADC-1-1/ABTS/BOD/CP são -0,035 V e 0,544 V, respetivamente, resultando num OCV de 0,58 V para as EBFC (Fig. 2-15b). A EBFC fornece uma densidade de potência máxima de 0,32 mW cm-2 a 0,20 V com uma densidade de corrente de curto-circuito de 1,12 mA cm^{-2} (Fig. 2-15c), que é melhor do que a BEFC que utiliza ADC-1-1 como material de elétrodo (Fig. 2-15d) e é comparável à que utiliza grafeno convencional e CNTs (Tabela 2). A EBFC glucose/O_2 utilizando ADC-1-1 como material de elétrodo apresenta uma densidade de potência máxima de 0,10 mW cm^{-2} e uma densidade de corrente curta de 0,63 mA cm^{-2} . Os resultados validam ainda mais a superioridade do D-ADC-1-1 na aplicação de EBFCs. A estabilidade de funcionamento foi caracterizada por descarga galvanostática a diversas densidades de corrente. Como se mostra na Fig.2-15e, o tempo de descarga das BEFCs fabricadas atinge 7,59, 5,08 e 3,49 h às densidades de corrente de 10, 20 e 50μ A cm^{-2} , respetivamente, indicando que as enzimas imobilizadas no D-ADC-1-1 têm uma boa estabilidade de funcionamento. Por conseguinte, o D-ADC assim sintetizado seria um material de elétrodo promissor em aplicações de biossensores e de EBFC.

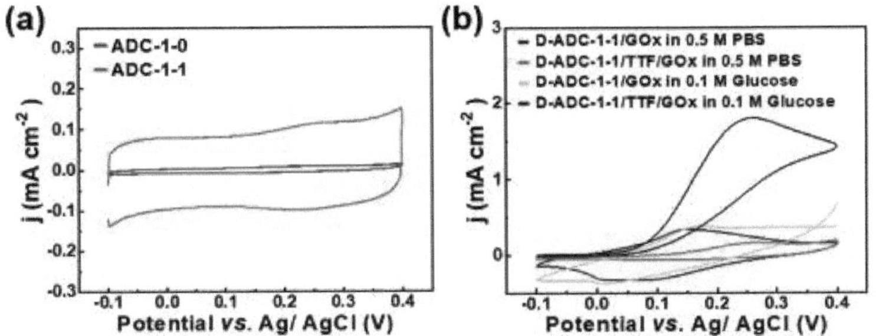

Fig.2-9 (a) Curvas CV de GCE modificada com ADC-1-0 e ADC-1-1 em PBS 0,5 M (pH 7,0). (b) Curvas CV de D-ADC-1-1/GOx e D-ADC-1-1/TTF/GOx em PBS 0,5 M (pH 7,0) na ausência e na presença de glucose 0,1 M.

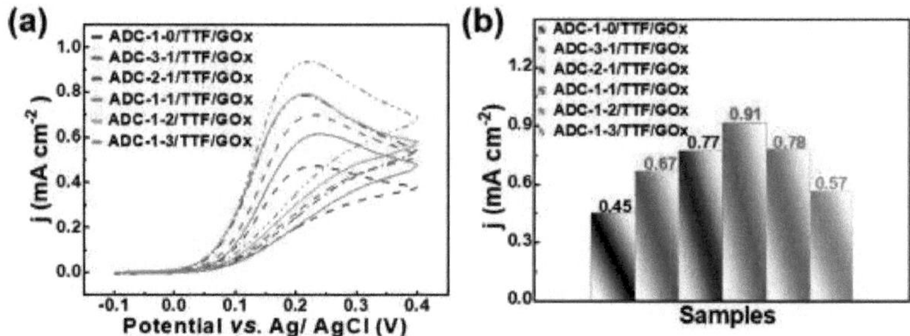

Fig.2-10 (a) Curvas CV dos bioelectrodos modificados com ADC em PBS 0,5 M (pH 7,0) na ausência e na presença de glucose 0,1 M a 10 mV s^{-1} . (b) As densidades de corrente catalítica obtidas a 0,2 V (vs. Ag/AgCl) para os bioelectrodos modificados com ADC.

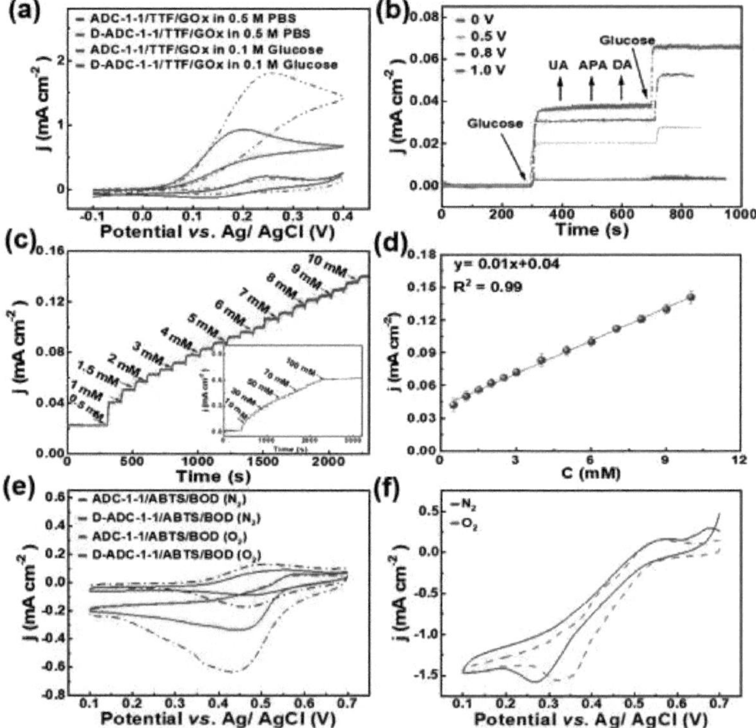

Fig.2-11 (a) Curvas C V de ADC-1-1/TTF/GOx e D-ADC-1-1/TTF/GOx em PBS 0,5 M (pH 7,0) a 10 mV s^{-1} na ausência e na presença de 0,1 M de glucose. (b) Respostas amperométricas do GCE modificado por D-ADC-1-1/TTF/GOx com adição sucessiva de 5 mM de glucose, 0,2 mM de UA, 0,2 mM de APAP, 0,2 mM de DA e 5 mM de glucose em diferentes polarizações aplicadas. (c) Resposta i-t do GCE modificado com D-ADC-1-1/TTF/GOx à adição sucessiva de glucose em PBS 0,1 M saturado com N_2 (pH 7,0) a um potencial aplicado de 0,1 V vs. Ag/AgCl. (d) Curva de

calibração linear para a glucose (correntes em estado estacionário vs. concentrações de glucose). (e) Curvas CV de ADC-1-1/ABTS/BOD- e D-ADC-1-1/ABTS/BOD-mo dified GCE em N_2 - e O_2 -saturated 0.5 M PBS (pH 7) a 10 mV s^{-1} . (f) Curvas CV de D-ADC-1-1/ABTS/BOD-modified CP em N_2 - e O_2 -saturated 0.5 M PBS (pH 7) a 10 mV s^{-1}.

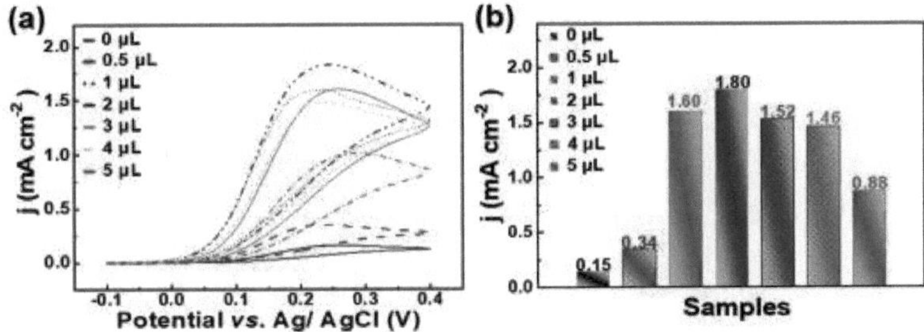

Fig.2-12 (a) Curvas CV dos bioanodos D-ADC-1-1/TTF/GOx-funcionalizados usando diferentes quantidades de TTF em PBS 0,5 M (pH 7,0) na presença de glicose 0,1 M a 10 mV s^{-1} . (b) As densidades de corrente catalítica obtidas a 0,2 V (vs. Ag/AgCl) para os bioanodos D-ADC-1-1/TTF/GOx-funcionalizados.

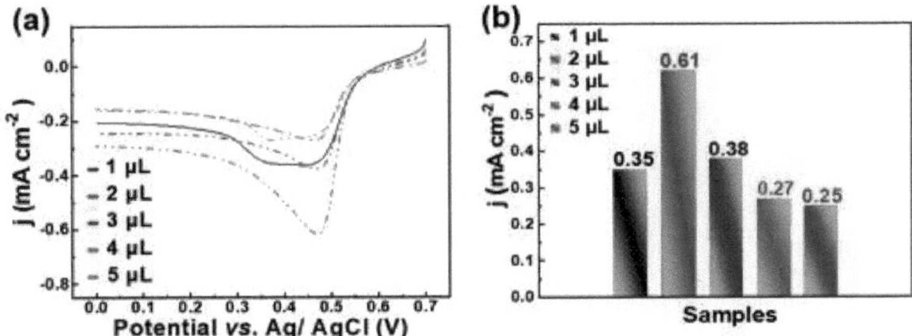

Fig.2-13 (a) Curvas LSV dos biocátodos funcionalizados com D-ADC-1-1/ABTS/BOD utilizando diferentes quantidades de ABTS em PBS 0,5 M saturado de O_2 (pH 7,0) com glucose 0,1 M a uma velocidade de varrimento de 10 mV s^{-1} . (b) As densidades de corrente catalítica obtidas a 0,47 V (vs. Ag/AgCl) para os biocátodos funcionalizados com D-ADC-1-1/ABTS/BOD.

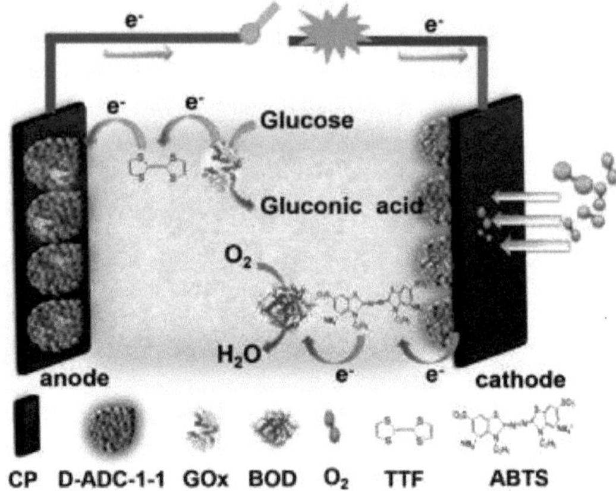

Fig.2-14 Diagrama esquemático do mecanismo de funcionamento da EBFC de glicose/O_2 como fabricada.

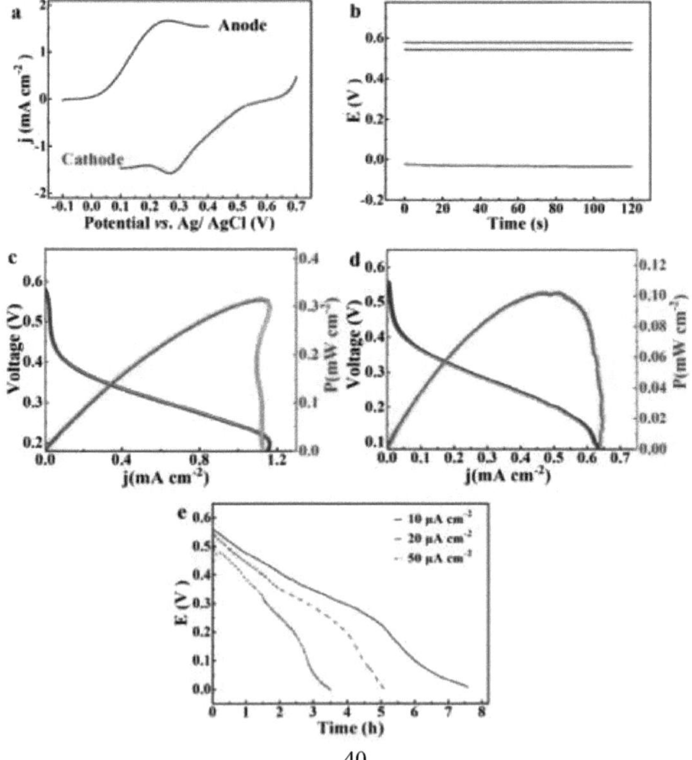

Fig.2-15 (a) Curvas LSV do bioanodo GOx/TTF/D-ADC-1-1/CP e do cátodo de ar BOD/ABTS/D-ADC-1-1/CP registadas em PBS 0,5 M (pH 7,0) contendo 0,1 M de glucose a 10 mV s^{-1} . (b) Potenciais de circuito aberto do bioanodo GOx/TTF/D-ADC-1-1/CP, do cátodo de ar BOD/ABTS/D-ADC-1-1/CP e da EBFC de glucose/O_2 montada. (c) Curvas de polarização e potência de saída das EBFC de glucose/O_2 utilizando D-ADC-1-1 como material de elétrodo em PBS 0,5 M (pH 7,0) contendo 0,1 M de glucose a 1,0 mV s^{-1} . (d) Desempenho eletroquímico das EBFC montadas utilizando ADC-1-1 como material de elétrodo em PBS 0,5 M (pH 7,0) contendo 0,1 M de glucose. (e) Curvas de descarga galvanostática das EBFCs de glucose/O_2 em PBS 0,5 M (pH 7,0) contendo glucose 0,1 M a diferentes densidades de corrente.

Tabela 2-2 Comparação do desempenho do EBFC entre as literaturas relatadas e este trabalho.

Ânodo	**Cátodo**	**OCV (V)**	j_{max} **(mA cm)$^{-2}$**	P_{max} **(μW cm)$^{-2}$**	**Mecanismo de transferência de electrões**	**Ref.**
GDH/NAD@ZIF-L@TA$^+$	MCH@fitab'@AuNPs@FTO	0.59	-	239.23	MET	138
DEUS/Os	RGO-A(N)/CBD	0.51	0. 193	22	DET	139
Proteínas de clara de ovo impressas em serigrafia/GOx-branca de ovo proteínas/NQ-AuNPs/CNT	Pt	0.22	9.3×10^{-3}	60	MET	140
GOx/rGO/FP	Lac/rGO/FP	0.04	-	4.0×10^{-3}	DET	141
MWCNT /BP/TTF/GOx	MWCNT /BP/Triton X-100/laca	0.511	0.018	105	MET	142
GOD/PMMFc	Pt	0.51	-	50	DET	143
GDH/polietileno (TBO)/rGO/G	GOx/HRP/ PBSE /MWCNT	0.65	-	165.9	MET	144

CE	/GE					
D-ADC-1-1/TTF/GOx	**D-ADC-1-1/ABTS/BOD**	**0.58**	**1.12**	**320**	**MET**	**Este trabalho**

2.4. CONCLUSÃO

Em resumo, foi racionalmente concebido e preparado um material de carbono poroso defeituoso através da pirólise catalítica do asfalto, seguida de um processo de gravação com NH_3 . O material de carbono resultante é utilizado como material de elétrodo para a co-imobilização de enzimas e mediadores na aplicação EBFC. Os resultados dos testes electroquímicos mostram que a oxidação da glicose e a ORR podem ocorrer eficientemente no bioanodo e biocatodo construídos, respetivamente, demonstrando que a grande SSA, os sítios activos enriquecidos na superfície, o elevado volume de poros e a cinética de transferência de carga promovida são essenciais para que os materiais do elétrodo atinjam um elevado desempenho catalítico. O EBFC de glucose/O_2 montado apresenta uma densidade máxima de potência de saída de 0,32 mW cm^{-2} a 0,20 V e demonstra uma boa estabilidade de funcionamento. Este trabalho oferece uma estratégia para a utilização de precursores de carbono de baixo custo para sintetizar material de carbono funcional, o que mostra um grande potencial nos domínios da bioelectrocatálise, bem como do armazenamento e conversão de energia.

Capítulo 3: O comportamento de pseudocapacitância permite a conversão e o armazenamento electroquímicos eficazes e estáveis de energia em células de biocombustível enzimáticas de glucose/ar

A construção de um sistema integrado de conversão e armazenamento de energia (ECS) estável e de elevada eficiência reveste-se de grande importância, mas continua a ser um desafio. Neste artigo, apresentamos um biodispositivo constituído por um bioanodo de tetratiafluorvaleno/glucose oxidase (TTF/GOx) imobilizado em carbono poroso derivado do asfalto (APC) para catalisar a oxidação da glucose e um biocátodo de 2,2'-azinobis(3-etilbenzotiazolina-6-sulfonato)/ bilirrubina oxidase (ABTS/BOD) imobilizado em APC para catalisar a redução do oxigénio, para obter ECS com elevada eficiência e excelente estabilidade. Os mediadores redox, TTF e ABTS, utilizados no bioanodo e no biocátodo, respetivamente, medeiam simultaneamente a transferência de electrões para libertar corrente eléctrica na descarga e servem de pseudocapacitores para conseguir o armazenamento de carga em condições de circuito aberto, permitindo uma elevada densidade de potência e capacidade de auto-carga. O biodispositivo com a configuração acima referida fornece uma potência de pico de 5,01 mW cm^{-2} no modo de descarga por impulsos, com a tensão da célula a permanecer 93,7% do seu valor inicial após 100 ciclos de descarga por impulsos/auto-carga. Este trabalho fornece uma solução altamente eficiente para resolver o problema da baixa densidade de potência e da fraca estabilidade das células convencionais de biocombustível enzimático, com grandes implicações para a eletrónica de pequenas dimensões, implantável e vestível.

3.1 INTRODUÇÃO

A realização da produção e armazenamento de eletricidade de alta eficiência (EGS) é um dos principais focos de investigação na sociedade atual, mas continua a ser um desafio[145,146] , porque os componentes separados da EGS não só aumentam o custo da eletricidade como também impedem a realização de dispositivos em miniatura, leves e autónomos[147] . Consequentemente, a incorporação de componentes de EGS num sistema integrado tem o potencial de ultrapassar estas dificuldades.

As baterias de metal-ar, as baterias de iões de metal alcalino e os condensadores electroquímicos (CE) são fontes de energia promissoras para o armazenamento e a conversão de energia eléctrica devido à sua elevada densidade energética, elevada densidade de potência e preço potencialmente baixo[148,149] . Entre eles, os CE são dispositivos de alta potência utilizados para armazenar energia eletroquímica através de processos rápidos e reversíveis[150] . Estes méritos tornam os CE muito adequados para aplicações de dispositivos de fornecimento de impulsos de alta potência (por exemplo, pacemakers, neuroestimuladores e desfibrilhadores). Existem dois processos diferentes para o mecanismo de armazenamento de carga dos CE: (1) capacitância eletroquímica de dupla camada (EDLC) baseada no armazenamento eletrostático de cargas, que decorre da separação de cargas na EDL na interface elétrodo/eletrólito, e (2) pseudocapacitância causada por reacções Faradic que ocorrem na superfície do elétrodo[151,152] . Normalmente, os condensadores baseados na pseudocapacitância, constituídos por óxidos metálicos ou polímeros condutores, podem armazenar uma capacidade muito superior à dos dispositivos baseados no EDLC que utilizam materiais de carbono poroso. Independentemente dos mecanismos de armazenamento de carga, a maioria dos CE tem de ser carregada por um dispositivo de alimentação externo, exceto em alguns exemplos em que os CE estão integrados em pilhas de combustível ou baterias . [153-155]

As células de biocombustível enzimáticas (EBFC), que utilizam enzimas redox como catalisadores, pertencem a uma subclasse de células de combustível e são capazes de obter diretamente eletricidade a partir de biocombustíveis renováveis e de baixo custo através de processos de bioelectrocatálise[156,157] . Várias pequenas moléculas orgânicas, como açúcares, álcoois e ácidos orgânicos, podem ser utilizadas como biocombustíveis das EBFC devido à diversidade de enzimas redox existentes na natureza[158] . Além disso, as EBFC funcionam normalmente em condições moderadas (por exemplo, temperatura ambiente, pressão atmosférica, pH fisiológico humano)[159,160] . Estas propriedades fazem das EBFCs um promissor gerador de energia eléctrica verde em aplicações de dispositivos electrónicos implantáveis e portáteis. No entanto, a aplicação prática das EBFCs é severamente limitada pela sua baixa potência de saída e fraca durabilidade durante o funcionamento.

Foram propostos dois tipos de estratégias para aumentar a potência de saída das EBFCs. A utilização de materiais carbonados (por exemplo, CNTs, grafeno e seus compósitos) como materiais de elétrodo para imobilizar enzimas redox permite a ligação direta das enzimas, enquanto as cargas, geradas nos processos biocatalíticos, são transferidas para o circuito externo através da matriz condutora[151,161] . No entanto, quando a distância dos sítios activos das enzimas à superfície do elétrodo é superior a 2 nm, não pode ocorrer uma transferência heterogénea eficiente de electrões[162] . Neste caso, podem ser utilizadas pequenas moléculas electroactivas como mediadores exógenos para transportar os electrões entre os locais activos das enzimas e a superfície do elétrodo[163,164] . Por exemplo, o tetratiafluvaleno (TTF)[165-167] e o 2,2′- azinobis(3-etilbenzotiazolina-6-sulfonato) (ABTS)[168,169] são habitualmente utilizados como mediadores redox na reação de oxidação da glicose (GOx), que catalisa a reação de oxidação da glicose (GOR), e na reação de redução do oxigénio (ORR), que catalisa a bilirrubina oxidase (BOD), respetivamente. É sabido que durante o funcionamento de uma EBFC glicose/ar (G-EBFC), a GOR catalisada pela GOx no bioanodo e a ORR catalisada pela BOD no biocatodo são acompanhadas pelas reacções redox dos casais TTF/TTF^+ e ABTS/$ABTS^+$, juntamente com a ocorrência de processos de conversão e armazenamento de energia. Embora um grande número de pesquisas tenha sido relatado para melhorar a densidade de energia através da imobilização de enzimas nas superfícies dos eléctrodos ou da utilização de espécies redox (moléculas electroactivas, polímeros, etc.) como relés de electrões para melhorar a comunicação eletroquímica[166-170] , pouca preocupação tem sido dada ao desempenho da pseudocapacitância para o comportamento de armazenamento de energia. Recentemente, foi publicado um dispositivo bioelectroquímico híbrido baseado em G-EBFC[156] , com uma densidade máxima de potência de saída de 783,5 $\mu W\ cm^{-2}$ no modo de impulsos, muito superior à registada em condições de estado estacionário (87,5 $\mu W\ cm^{-2}$). Por conseguinte, espera-se que a densidade de potência de uma G-EBFC possa ser aumentada através da integração de EBFC com material capacitivo. Neste contexto, foi desenvolvido um biodispositivo híbrido para realizar uma EGS eficiente, acoplando o bioanodo TTF/GOx com o biocátodo ABTS/BOD (Fig.3-1). Neste biodispositivo, o carbono poroso derivado do asfalto (APC) com elevada condutividade, grande área de superfície e estrutura mesoporosa é racionalmente concebido e utilizado como material de elétrodo para a imobilização de oxidorredutases e mediadores. A GOR ocorre no bioanodo TTF/GOx e os electrões gerados são armazenados no par TTF/TTF^+ , apresentando assim um desempenho pseudocapacitativo para o armazenamento de carga. No biocátodo ABTS/BOD, o O_2 é reduzido a H_2O através da biocatálise da CBO acompanhada pela oxidação do ABTS para formar $ABTS^+$. Quando os dois eléctrodos estão ligados, a diferença de potencial entre os pares TTF/TTF^+ e ABTS/$ABTS^+$ pode resultar no processo de descarga por pseudocapacitância. Quando os dois bioelectrodos não estão ligados, os processos GOR e ORR ocorrem continuamente no bioanodo e no biocátodo, conduzindo à formação concomitante de TTF e $ABTS^+$, respetivamente. De acordo com as equações de Nernst (**eq 1** e **eq 2**), os potenciais do bioanodo e do biocátodo podem ser determinados pelos rácios $/\alpha_{TTF}{}^{+}\alpha_{TTF}$ e $/\alpha_{ABTS}{}^{+}\alpha_{ABTS}$, respetivamente.

Bioanodo: $E = E^0 + \frac{RT}{nF} ln \frac{\alpha_{TTF^+}}{\alpha_{TTF}}$ (1)

Biocátodo: $E = E^0 + \frac{RT}{nF} ln \frac{\alpha_{ABTS^+}}{\alpha_{ABTS}}$ (2)

Em que E é o potencial do elétrodo, E^0 e α são o potencial redox padrão e a atividade da espécie redox, respetivamente.

Por conseguinte, a geração do gradiente de atividade do TTF por GOR catalisada por GOx no bioanodo e do $ABTS^+$ por ORR catalisada por BOD no biocátodo conduz a um potencial anódico inferior ao potencial de equilíbrio do par TTF/TTF^+ e a um potencial catódico superior ao potencial de equilíbrio do par $ABTS/ABTS^+$, obtendo-se assim um processo de auto-carga. Consequentemente, o dispositivo biológico fabricado fornece uma densidade de potência de pico de 5,01 mW cm^{-2} a 15 mA cm^{-2} em descarga por impulso, significativamente superior à do G-EBFC convencional (1,17 mW cm^{-2}) em descarga em estado estacionário. Além disso, o biodispositivo manifesta uma excelente estabilidade operacional com uma retenção de tensão de 93,7% em ciclos de auto-carga/descarga de longa duração a 0,5 mA cm^{-2} , devido à ligação química cruzada entre o glutaraldeído (GA) e as moléculas de enzima. Este trabalho relata o fabrico e o princípio de funcionamento de um sistema EGS Nernstiano baseado em G-EBFCs convencionais, que oferece uma estratégia alternativa para impulsionar o desenvolvimento de EBFCs na aplicação de dispositivos bioelectrónicos de auto-carga.

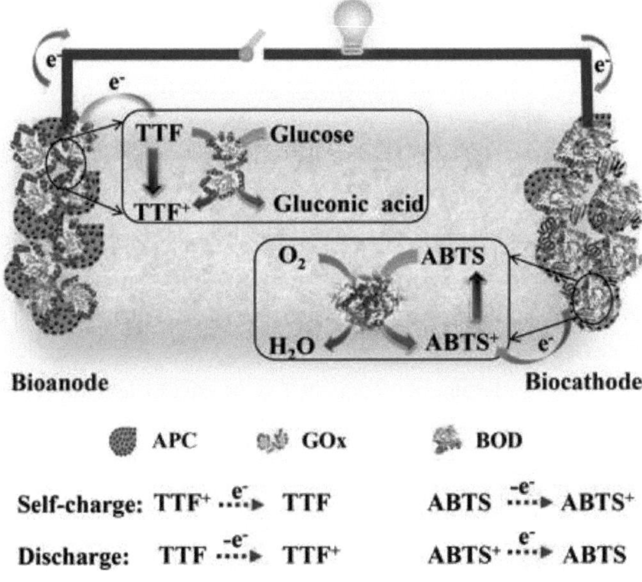

Fig. 3-1. Diagrama esquemático do biodispositivo híbrido proposto baseado numa G-EBFC.

3.2 E XPERIMENTAL SECTION

3.2.1 Preparação da APC

O asfalto foi utilizado como recurso de carbono para sintetizar materiais de eléctrodos para a imobilização de enzimas e mediadores. Resumidamente, o asfalto (1,0 g) e o Fe O_{23} (2,0 g) foram misturados e moídos durante 2 h com uma pequena quantidade de etanol. Após secagem a 60 °C em estufa, a mistura foi subsequentemente recozida a 1200 °C (taxa de aquecimento: 2 °C min^{-1}) durante 2 h sob atmosfera de N_2 . Os produtos em bruto foram imersos numa mistura contendo 2 M H_2 SO_4 e 3 M HNO_3 a 60 °C durante 12 h sob agitação para remover as impurezas. Após filtração, lavagem completa com água desionizada e secagem a 60 °C durante a noite, o APC foi obtido. Para comparação, o carbono derivado de asfalto (AC) foi preparado de acordo com o procedimento semelhante na ausência de Fe O . $_{23}$

3.2.2 Preparação do bioanodo APC-TTF/GOx/GA

O elétrodo de carbono vítreo (GCE) foi polido sequencialmente num pano de polimento com lamas de α-Al O_{23} (1,0 μm e 50 nm de diâmetro) e depois lavado por ultra-sons com acetona, etanol e água desionizada para remover os contaminantes. APC (10 mg) foi ultrasonicamente disperso em acetonitrilo (200 μL) contendo TTF (2,24 mg). 2 μL da dispersão APC-TTF foi deixado cair sobre o GCE pré-tratado. Após a secagem sob uma lâmpada infravermelha, 5 μL de solução GOx (30 mg mL^{-1} em solução tampão fosfato 0,1 M (PBS)) foram descartados no GCE modificado com APC-TTF e o eletrodo foi colocado em uma geladeira a 4 °C por 4 h. Para a superfície do GCE modificado com APC-TTF / GOx, foi adicionado 1 μL de GA (5 wt% em H_2 O) usando como reticulador. Este procedimento pode não só permitir uma forte fixação da APC na GCE, mas também estabilizar a enzima através das moléculas reactivas de aldeído livre[171,172] . Finalmente, 3,5 μL de 5 ‰ de solução de Nafion foram lançados no GCE modificado com APC-TTF/GOx/GA e os eléctrodos foram colocados num frigorífico a 4°C antes de serem utilizados. Como comparação, o bioanodo AC-TTF / GOx / GA foi preparado usando o procedimento semelhante, substituindo APC por AC.

3.2.3 Preparação do biocátodo APC-ABTS/BOD/GA

10 mg de APC foi ultrassonicamente disperso em 200 μL de acetonitrilo H_2 O solvente misto (proporção de volume de 1: 1) contendo ABTS (2,4 mg). 2 μL da dispersão APC-ABTS foram deixados cair sobre o GCE pré-tratado. Após a secagem, 5 μL de BOD (20 mg mL^{-1} em 0,1 M PBS) foram lançados na superfície do GCE modificado com APC-ABTS e o eletrodo foi colocado em uma geladeira a 4 °C por 4 h. Para a superfície do GCE modificado com APC-ABTS / BOD, 1 μL de GA foi adicionado para formar a reticulação química para estabilizar as enzimas. Finalmente, 3,5 μL de solução de Nafion 0,5% foram lançados no GCE modificado com APC-ABTS / BOD / GA e os eletrodos foram armazenados em uma geladeira a 4 °C antes de serem usados. Como comparação, o biocátodo AC-ABTS/BOD/GA foi preparado usando o procedimento semelhante, substituindo APC por AC.

3.2.4 Fabrico do biodispositivo à base de G-EBFC

O biodispositivo sem membrana baseado em G-EBFC foi montado utilizando tecido de carbono modificado com APC-TTF/GOx/GA (CC, 0,19 mm de espessura) como bioanodo e CC modificado com APC-ABTS/BOD/GA como biocátodo. Antes da modificação, o CC (10 mm de diâmetro) foi lavado por ultra-sons em etanol e água desionizada durante 30 minutos para remover os contaminantes. Os processos de preparação do bioanodo APC-TTF/GOx/GA/CC e do biocátodo APC-

ABTS/BOD/GA/CC foram semelhantes aos do bioanodo APC-TTF/GOx/GA/GCE e do biocátodo APC-ABTS/BOD/GA/GCE, substituindo o GCE pelo CC. As quantidades óptimas de carga de GOx e CBO no CC foram de 3,0 e 2,0 mg cm^{-2} , respetivamente. Foi utilizado como eletrólito PBS 0,5 M (pH 7,0) com glucose 0,2 M.

3.2.5 Caracterizações de materiais

Os padrões de difração de raios X (XRD) foram recolhidos no Ultima IV (Rigaku) utilizando radiação Cu $K\alpha$. As morfologias e microestruturas das amostras foram caracterizadas utilizando microscopia eletrónica de varrimento de emissão de campo (SEM, Sigma 300, Zeiss) e microscopia eletrónica de transmissão (TEM, JEM 2100F, JEOL). A área de superfície específica (SSA) de Brunauer-Emmett-Teller (BET) e a distribuição do tamanho dos poros das amostras foram calculadas com base nas isotérmicas de adsorção/dessorção de N_2 que foram operadas no instrumento Micrometrics ASAP2460 a 77 K. A espetroscopia de fotoelectrões de raios X (XPS) foi realizada no Thermo ESCALAB 250XI e as energias de ligação das amostras foram corrigidas utilizando a linha padrão C 1s a 284,8 eV. A espetroscopia de infravermelhos com transformada de Fourier (FTIR) foi efectuada num Spectrum 100 FT-IR (PerkinElmer). Os espectros Raman das amostras foram efectuados no LabRam HR Evolution (HORIBA) com um laser de 532 nm.

3.2.6 Medições electroquímicas

As medições electroquímicas foram efectuadas numa estação de trabalho eletroquímica CHI 760B, utilizando um sistema convencional de células de três eléctrodos em que o GCE modificado, um Ag/AgCl e uma folha de platina foram utilizados como eléctrodos de trabalho, de referência e de contador, respetivamente. Foi utilizado PBS 0,5 M a pH 7,0 como eletrólito de suporte. Os desempenhos electroquímicos dos bioelectrodos foram avaliados por voltametria cíclica (CV), voltametria de varrimento linear (LSV), cronoamperometria (i-t) e espetroscopia de impedância eletroquímica (EIS). A EIS foi efectuada em KCl 0,1 M contendo 5 mM de $[Fe(CN)]_6^{3-/4-}$ na gama de frequências de 100 kHz ~ 0,01 Hz com uma amplitude de 5 mV no potencial de circuito aberto. O desempenho eletroquímico do biodispositivo montado foi investigado utilizando descarga galvanostática a várias densidades de corrente e descarga por corrente pulsada. O desempenho do ciclo de auto-carga/descarga do dispositivo biológico foi efectuado utilizando i-t sob uma corrente de descarga de impulso de 0,5 mA cm^{-1} durante 1 s com um intervalo de 10

min. As curvas de polarização do dispositivo biológico foram registadas a 1,0 mV s . -
1

3.3 RESULTADOS E DISCUSSÃO

3.3.1 Caracterizações de AC e APC

O processo de preparação do P-ADC é apresentado na Fig. 3-2a, e o princípio da catálise de superfície do bioelectrodo é apresentado na Fig. 3-2b. Os padrões de XRD de AC e APC são apresentados na Fig.3-3a. Ambas as amostras apresentam caraterísticas de picos de difração amplos. Os picos de difração localizados a cerca de 26° e 44° podem ser atribuídos aos planos de rede (002) e (102), respetivamente. Note-se que as intensidades dos picos de difração do AC são mais fortes do que as do APC, indicando um elevado grau de grafitização do AC. O baixo grau de grafitização do APC pode ser atribuído à redução carbotérmica do Fe O_{23} (Eq. (3)) durante o processo de recozimento, o que pode produzir uma grande quantidade de poros no APC.

Fe O_{23} + $3C^{\Delta} \rightarrow$ 2Fe + 3CO (3)

A qualidade dos materiais de carbono assim sintetizados foi ainda investigada através da espetroscopia Raman. Como apresentado na Fig.3-3b, tanto o AC como o APC apresentam dois picos caraterísticos no desvio Raman de 1350 cm^{-1} e 1580 cm^{-1} , que podem ser atribuídos à banda D e à banda G, respetivamente[173,174] . Em comparação, a banda D do APC torna-se proeminente e a razão entre a intensidade da banda D e da banda G do APC é superior à do AC, o que sugere a formação de grandes quantidades de defeitos e a redução do tamanho dos domínios de grafitização no plano no APC[175] . Foi demonstrado que o carbono defeituoso possui uma maior capacidade de adsorção de mediadores polares do que o carbono não defeituoso[176] . Por conseguinte, quando o APC é utilizado como material de elétrodo para imobilizar enzimas e mediadores, os defeitos presentes no APC podem ser benéficos para aumentar a estabilidade dos bioelectrodos.

Os espectros de XPS (Fig.3-3c) para AC e APC mostram um teor predominante de C superior a 87 at.%. Além disso, são detectados elementos O, N, P e S nas duas amostras (Tabela 3-1), possivelmente provenientes do asfalto bruto (Fig. 3-4). As imagens de mapeamento elementar TEM na Fig. 3-5 revelam que o traço de espécies de Fe (0,27 at.%) permanece no APC, sugerindo que a maioria do Fe é removida durante o processo de ataque ácido. Os espectros de C 1s (Fig. 3-3d) de AC e APC podem ser deconvoluídos em quatro picos, sp^2 -C (C=C, 284,1 eV), sp^3 -C (C-O, 285,0 eV), C=O

(286,1 eV) e O=C-O (288,8 eV)[177,178] . De notar que o sp^2 -C do APC é dominante entre as quatro configurações C, provavelmente devido à grafitização catalítica pelas espécies de Fe formadas durante o processo de recozimento. A predominância de sp^2 -C pode ser útil para melhorar a condutividade eletrónica do APC. O SSA e o volume de poros do CA e do APC foram obtidos a partir das isotérmicas de adsorção/dessorção de N_2 (Fig. 3-3e). De acordo com o modelo BET e o método Barret-Joyner-Halenda (BJH), o SSA calculado do APC (302,5 m^2 g^{-1}) é significativamente superior ao do CA (15,0 m^2 g^{-1}), e o volume de poros do APC (0,33 cm^3 g^{-1}) é também superior ao do CA (0,02 cm^3 g^{-1}). A contribuição dos meso e macroporos do CA é de 69,74% e 30,26%, respetivamente. Quanto ao APC, o meso-poro contribui com 95,52% da área de superfície e do volume de poros, sendo as contribuições dos micro e macroporos de apenas 4,45% e 0,03%, respetivamente. Além disso, as curvas de distribuição do tamanho dos poros BJH revelam ainda mais a caraterística porosa do APC (Fig. 3-3f). Por conseguinte, o APC com domínios sp^2 predominantes, SSA elevado e porosidade abundante seria mais adequado como material de elétrodo para a imobilização de enzimas e mediadores para fabricar bioelectrodos.

Para além das diferenças na SSA e na estrutura dos poros, a morfologia e a microestrutura da APC são significativamente diferentes da AC. Tal como se observa nas imagens SEM e TEM, a CA apresenta uma estrutura em camadas compacta e ordenada, composta por nanofolhas de carbono com superfície lisa (Fig. 3-6). A imagem TEM de alta resolução (HRTEM) do CA revela a existência de franjas de rede orientadas de longo alcance com várias nanofolhas de carbono empilhadas em paralelo (Fig. 3-6e). O espaçamento d das franjas da rede (002) é de 0,34 nm, próximo do da grafite em massa (0,335 nm) [179], indicando o bom grau de grafitização do CA. Quanto ao APC, no entanto, apresenta um carácter fofo e poroso e as suas superfícies tornam-se rugosas após a carbonização com Fe O_{23} e a gravação com uma solução aquosa mista de H_2 SO_4 e HNO_3 (Fig. 3-6f). ^{2}A imagem HRTEM do APC mostra claramente a presença de uma grande quantidade de domínios multicamadas orientados de curto alcance com um espaçamento d de cerca de 0,43 nm. estrutura amorfa do APC. Esta constatação é consistente com o resultado de XRD (Fig. 3-3a). Por conseguinte, a estratégia de pirólise catalítica pode alterar significativamente a morfologia e a microestrutura dos materiais de carbono derivados do asfalto. A Fig. 3-7 mostra a difração eletrónica de área selecionada (SAED) do CA e do APC obtidos. O CA mostra dois anéis de difração distintos, enquanto os anéis de difração do APC são difusos e indistintos, indicando a estrutura amorfa do APC. Este resultado é consistente com o resultado de XRD (Fig. 3-3a). Por conseguinte, a estratégia de pirólise catalítica pode alterar significativamente a morfologia e a microestrutura dos materiais de carbono derivados do asfalto.

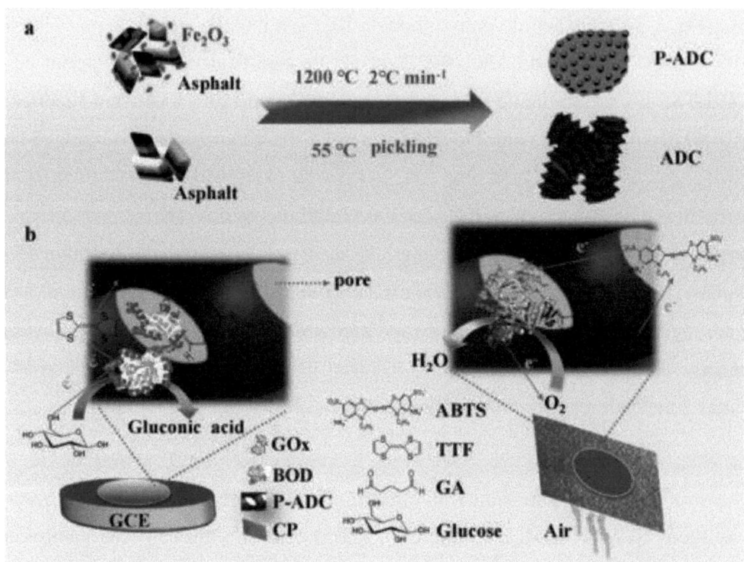

Fig. 3-2（a）O processo de preparação de ADC e P-ADC；（b） A superfície princípio de catálise do bioelectrodo

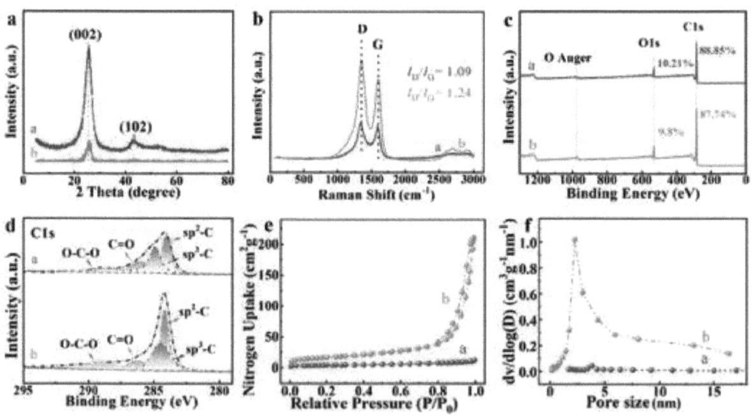

Fig.3-3. (a) Padrões de XRD, (b) espectros Raman, (c,d) espectros XPS e (e,f) isotérmicas de

adsorção/dessorção de N2 e volume de poros de AC e APC

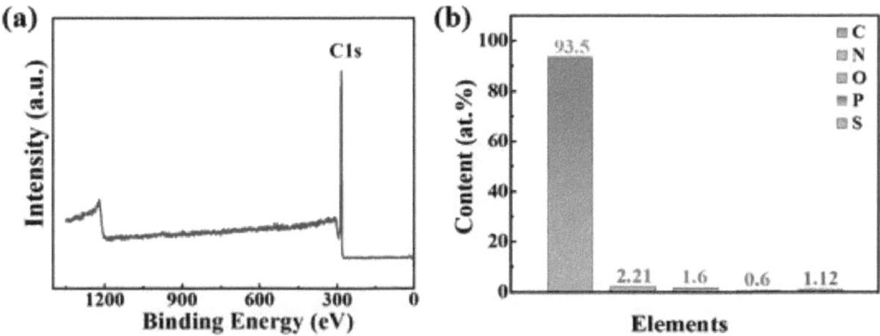

Fig. 3-4. (a) Espectro de pesquisa XPS e (b) conteúdo de elementos do asfalto bruto

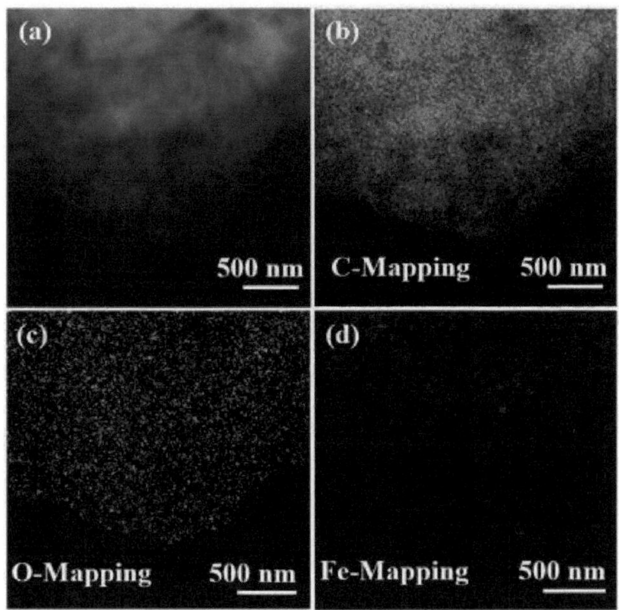

Fig. 3-5. (a) HAADF-STEM e (b-d) imagens de mapeamento elementar de APC

Tabela 3-1. A análise da composição de AC e APC com base nos dados XPS.

Amostras	AC	APC
C (at.%)	88.85	87.74

N (at.%)	0.47	1.68
O (at.%)	10.21	9.8
P (at.%)	0.14	0.14
S (at.%)	0.33	0.64

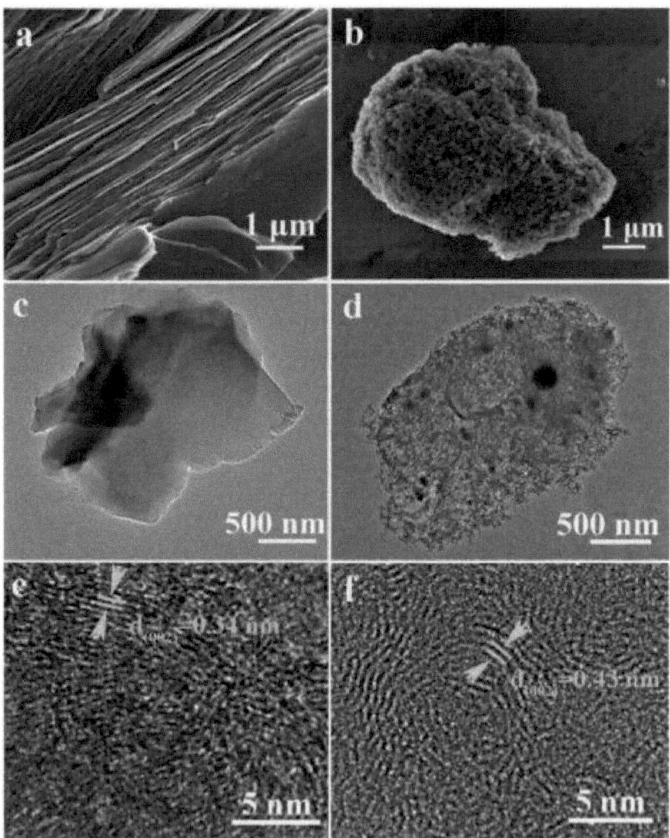

Fig. 3-6. (a,b) SEM i imagens de AC e APC. (c,d) e (e,f) Imagens TEM de AC e APC com o padrão SAED correspondente.

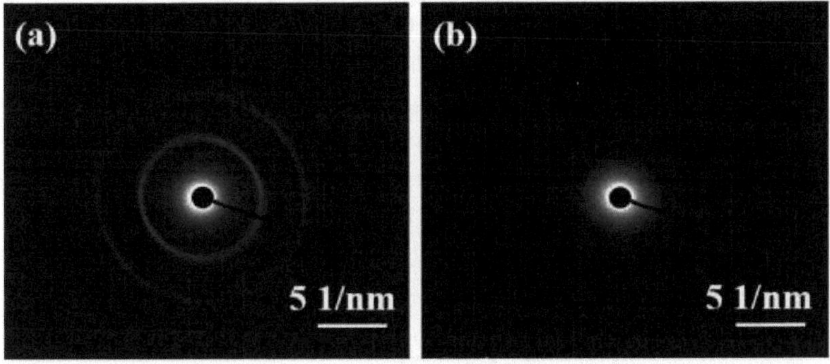

Fig. 3-7. Padrões SAED de (a) AC e (b) APC

3.3.2 Desempenhos electroquímicos dos bioelectrodos

Tendo em conta a diferença morfológica e estrutural entre o AC e o APC, os desempenhos electroquímicos do AC e do APC foram investigados por CV e EIS em KCl 0,1 M, em que 5 mM $[Fe(CN)_6]^{3-/4-}$ foi utilizado como sonda redox. Como se mostra na Fig. **3-8a**, o GCE modificado com APC apresenta o maior pico de corrente redox entre os três eléctrodos, sugerindo o aumento da área electroactiva e o rápido comportamento de transferência de electrões do elétrodo funcionalizado com APC [180,181] . O EIS foi ainda adotado para avaliar a cinética de transferência de carga na interface elétrodo/eletrólito modificada. Como observado na Fig. **3-8b**, os gráficos de Nyquist dos eléctrodos consistem em duas partes. A parte semicircular na região de alta frequência está associada ao processo de transferência de carga na interface elétrodo/eletrólito, enquanto a parte linear na região de baixa frequência está relacionada com o processo limitado pela difusão[182-184] . O GCE mostra um semicírculo claro na região de alta frequência, enquanto quase nenhum semicírculo pode ser detectado no GCE modificado com AC e APC, indicando a troca facilitada de electrões na interface elétrodo/eletrólito modificada. Note-se que o GCE modificado com APC tem o maior declive da linha reta na região de baixa frequência, indicando o carácter capacitivo dominante, o que pode ser atribuído à elevada SSA e ao grande volume de poros do APC, como comprovado pelas medições de adsorção/dessorção de N_2 . Após a imobilização das enzimas e dos mediadores, a impedância óhmica dos bioelectrodos modificados aumenta ligeiramente (Fig. **3-8c**), indicando um fabrico bem sucedido de GCE modificados com enzimas/mediadores.

O desempenho bioelectrocatalítico do bioânodo funcionalizado com AC-

TTF/GOx/GA e APC-TTF/GOx/GA em relação à GOR foi investigado utilizando CV. Como se pode ver na Fig. 3- **8d**, ambos os bioanodos apresentam correntes redox claras na solução tampão, resultantes da reação redox eletroquímica do par TTF/TTF^+ . É de notar que o bioanodo funcionalizado com APC-TTF/GOx/GA apresenta uma densidade de corrente redox muito mais elevada e uma separação pico a pico inferior à do bioanodo funcionalizado com AC-TTF/GOx/GA, o que valida ainda mais o comportamento de transferência rápida de carga e a boa reversibilidade do bioanodo modificado com APC. Impressionantemente, o bioanodo funcionalizado com APC-TTF/GOx/GA fornece uma densidade de corrente catalítica de 2,79 mA cm^{-2} a 0,23 V *vs.* Ag/AgCl com 0,2 M de glucose (Fig. **3-8e**), significativamente superior à do bioanodo funcionalizado com AC-TTF/GOx/GA (0,23 mA cm^{-2}). Em contrapartida, as curvas CV do GCE modificado com APC registadas em PBS 0,5 M (pH 7,0) com glucose 0,2 M apresentam uma forma retangular típica sem ondas catalíticas na gama de potencial de -0,1~0,7 V *vs.* Ag/AgCl (**Fig. 3-9**), indicando que o APC não pode catalisar a GOR nestas condições. Para além do excelente desempenho catalítico do bioanodo funcionalizado com APC-TTF/GOx/GA, este também apresenta uma boa estabilidade operacional com uma taxa de retenção de corrente de pico de 81,8% em 100 ciclos (Fig. 3-10). O aumento da estabilidade do bioanodo pode ser atribuído à ocorrência de ligações cruzadas químicas entre as moléculas GA e GOx, que é caracterizada por FT-IR. Como mostrado na Fig. 3-8f, os picos de ombro em □3410 e 3130 cm^{-1} podem ser atribuídos às vibrações de estiramento e flexão das ligações polares O-H e N-H que existem nos grupos funcionais -COOH e $-NH_2$ da protease, respetivamente[185] . Um pico localizado a □1643 cm^{-1} é observado em GA, correspondendo à vibração de estiramento de C=O do grupo -CHO. No entanto, este pico desaparece no GOx-GA, sendo detetado um novo pico que surge a □1653 cm^{-1} , correspondente à vibração de estiramento do C=N[186] . Estes resultados demonstram a formação de ligações cruzadas químicas entre as moléculas de GA e GOx através dos grupos amino do GOx e dos grupos aldeído do GA.

A medição amperométrica i-t foi utilizada para investigar a especificidade do bioanodo funcionalizado com AC-TTF/GOx/GA em relação à glucose. Como apresentado na Fig. **3-8g**, é detectada uma resposta rápida e significativa da corrente após a injeção de 0,5 mM de glucose no eletrólito, enquanto é observada uma corrente de oxidação insignificante após a adição de reagentes interferentes, tais como ácido úrico (UA), acetaminofeno (APA), dopamina (DA) e ácido ascórbico (AA) no eletrólito, indicando a elevada especificidade e o forte desempenho anti-interferência do bioanodo funcionalizado com AC-TTF/GOx/GA resultante. O desempenho bioelectrocatalítico da ORR do biocátodo funcionalizado foi avaliado utilizando LSV em PBS 0,5 M (pH 7,0). Como se pode ver na Fig. **3-8h**, ambos os biocátodos funcionalizados apresentam ondas de redução no eletrólito saturado de N_2 , resultantes da reação de redução do $ABTS^+$ para formar ABTS.

Note-se que o biocátodo funcionalizado com APC-ABTS/BOD/GA fornece uma elevada densidade de corrente ORR de 2,90 mA cm^{-2} a 0,32 V *vs.* Ag/AgCl em eletrólito saturado de O_2 (Fig. **3-8i**), muito superior à do biocátodo funcionalizado com AC-ABTS/BOD/GA (0,33 mA cm^{-2}). As ondas ORR catalíticas nas curvas LSV apresentam uma forma de pico, indicando a ocorrência de um processo ORR dificultado devido ao transporte limitado de massa de O_2 nas condições quiescentes[187-189] . As curvas CV do biocátodo AC-ABTS/BOD/GA-funcionalizado mostram uma taxa de retenção da corrente de pico de 85,6% em 100 ciclos. As curvas It do biocátodo funcionalizado com AC-ABTS/BOD/GA mostram uma taxa de retenção de corrente de 98,4 % durante 1000 min (Fig. 3-11), indicando a boa estabilidade do biocátodo construído. Os resultados demonstram que, quando a APC é utilizada como material de elétrodo para imobilizar enzimas e mediadores para fabricar bioelectrodos, o desempenho catalítico em relação à GOR e à ORR é superior ao da utilização da AC como material de elétrodo. O desempenho catalítico melhorado dos bioelectrodos funcionalizados com APC pode ser atribuído ao elevado volume de SSA e de poros, bem como aos domínios de grafitização predominantes, que não só asseguram a imobilização eficaz de mais enzimas e mediadores na superfície do elétrodo, como também garantem uma cinética rápida de transferência de electrões, resultando assim numa corrente catalítica elevada. A estabilidade operacional dos bioelectrodos pode ser atribuída à presença de ligações cruzadas químicas entre o GA e as enzimas, bem como à forte capacidade de adsorção do APC defeituoso em relação aos mediadores polares .[176]

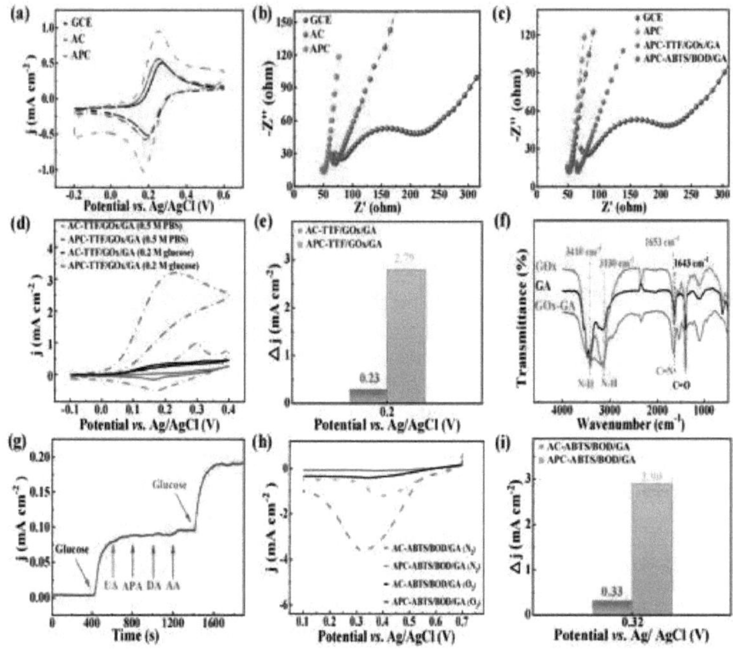

Fig. 3-8. (a) Curvas CV, (b) Gráficos de Nyquist de GCE, AC- e GCE modificado com APC, realizados em potencial inite, alta frequência para 100000 Hz, baixa frequência para 0,01 Hz e amplitude com 0,005 V, (c) Gráficos de Nyquist de GCE, APC-, APC-TTF/GOx/GA- e GCE modificado com APC-ABTS/BOD/GA. Foi utilizado KCl 0,1 M com 5 mM de $[Fe(CN)]_6^{3-/4-}$ como eletrólito de suporte. (d) Curvas CV dos bioanodos em PBS 0,5 M (pH 7,0) com ou sem glicose a 10 mV s^{-1} . (e) Densidade de corrente catalítica dos bioanodos modificados a 0,2 V *vs*. Ag/AgCl. (f) Espectros FT-IR de GOx, GA e GA-GOx. (g) A resposta i-t dos testes anti-interferência a 0,1 V com injeção consecutiva de 0,5 mM de glucose, 0,2 mM de UA, APA, DA e AA em 0,5 M de PBS (pH 7,0). (h) Curvas LSV dos biocátodos registadas em PBS 0,5 M saturado com N_2 - e O_2 (pH 7,0) a 10 mV s^{-1} . (i) Corrente catalítica ORR dos biocátodos modificados a 0,32 V *vs*. Ag/AgCl.

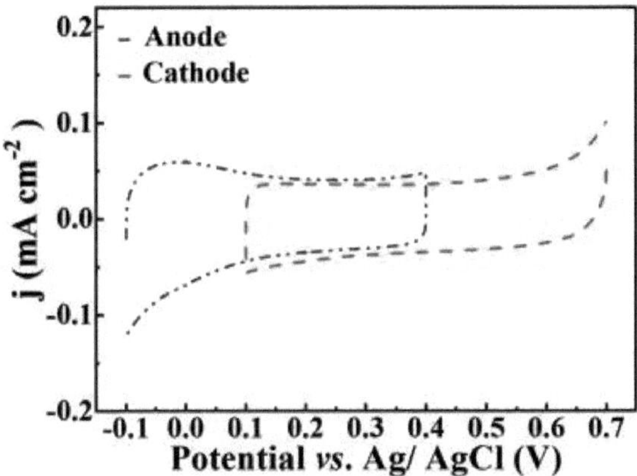

Fig. 3-9. Curvas CV do GCE modificado com APC em PBS 0,5 M (pH 7,0) contendo glucose 0,2 M e O saturado2 a 10 mV s .$^{-1}$

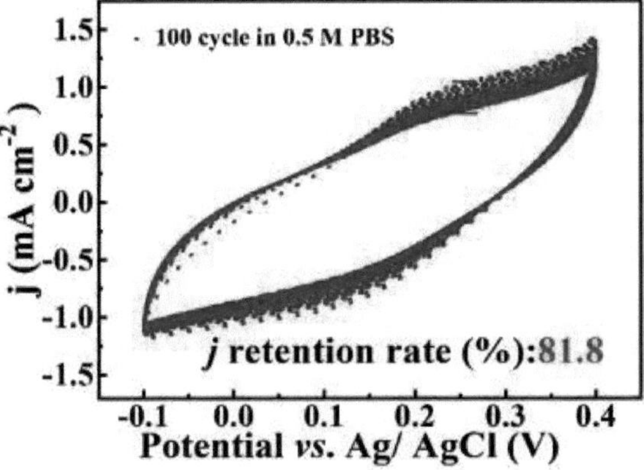

Fig. 3-10. Curvas CV do bioanodo funcionalizado com APC-TTF/GOx/GA registadas em PBS 0,5 M (pH 7,0) e ar saturado sem glucose a 10 mV s .$^{-1}$

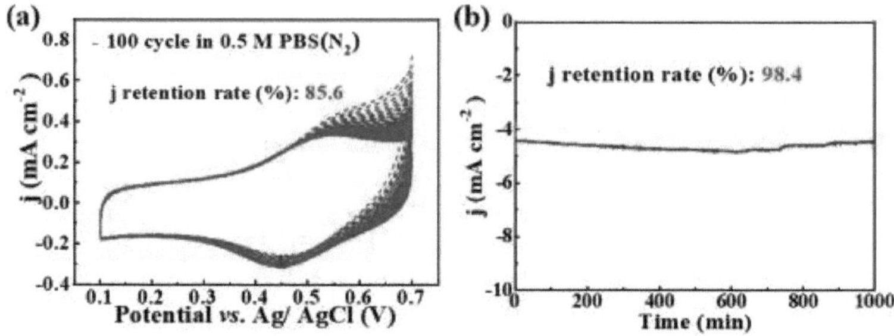

Fig. 3-11. (a) Curvas CV, (b) curvas I-t do biocátodo funcionalizado AC-ABTS/BOD/GA registadas a 0,1 V, em PBS 0,5 M saturado com O_2 (pH 7,0).

3.3.3 Desempenho eletroquímico do biodispositivo

Tendo em conta que os bioelectrodos fabricados com APC como material de elétrodo apresentam um excelente desempenho bioelectrocatalítico em relação à GOR e à ORR, o biodispositivo sem membrana baseado em G-EBFC é montado utilizando o bioanodo CC modificado com APC-TTF/GOx/GA e o biocátodo CC modificado com APC-ABTS/BOD/GA. As curvas LSV na Fig. 3-1 **2a demonstram** que o bioanodo e o biocátodo tal como foram fabricados são capazes de catalisar a GOR e a ORR, libertando densidades de corrente catalítica de 3,14 e 3,65 mA cm^{-2} , respetivamente. Os potenciais de circuito aberto (OCP) do bioanodo e do biocátodo são 0,05 e 0,74 V *vs*. Ag/AgCl em PBS 0,5 M saturado de O_2 (pH 7,0) com 0,2 M de glucose, respetivamente, produzindo uma tensão de circuito aberto (OCV) de 0,69 V para o biodispositivo montado (Fig. **3-12b**). O biodispositivo resultante fornece uma densidade de potência de pico de 1,17 mW cm^{-2} a 0,24 V com uma corrente de curto-circuito de 4,5 mA cm^{-2} em condições de borbulhamento contínuo de O_2 (Fig. **3-12c**). É de notar que este biodispositivo não é capaz de manter um tempo de descarga a longo prazo (menos de 10 s a 1 mA cm^{-2}) na ausência de glucose (Fig. **3-12d**), ao passo que consegue atingir um tempo de descarga a longo prazo superior a 36000 s na presença de 0,2 M de glucose, o que indica que a corrente recolhida provém predominantemente da GOR. Além disso, o desempenho da taxa do biodispositivo tal como foi fabricado foi investigado através da aplicação de várias densidades de corrente, atingindo um tempo de descarga de 6201, 2584, 1480 e 308 s com as densidades de corrente de 5, 10, 15 e 20 mA cm^{-2} , respetivamente (Fig. **3-12e**). O excelente desempenho do biodispositivo construído pode ser atribuído à elevada carga de massa de enzimas e mediadores, bem como à rápida cinética de transferência de carga utilizando APC como material de elétrodo.

Tal como referido na Fig. 3-1, os mediadores redox podem não só transportar electrões entre os locais activos das enzimas e a superfície do elétrodo, mas também armazenar cargas devido ao seu comportamento de pseudocapacitância quando o circuito externo está desligado. Como demonstração, o comportamento de auto-carga dos bioelectrodos fabricados foi avaliado pela primeira vez aplicando uma corrente de impulso de 0,5 mA cm^{-2} durante 1 s e depois repousando durante 10 min (Fig. **3-12f**). Para acompanhar as alterações de potencial dos meios (par TTF/TTF^{+} , par $ABTS/ABTS^{+}$) durante a experiência, realizámos as seguintes experiências: o potencial do ânodo biológico alterou-se continuamente após a neutralização de glucose 0,2 M em PBS 0,5 M (pH=7) e o potencial do cátodo biológico durante a neutralização de O_2 em azoto saturado até à saturação, respetivamente. Como se mostra na **Fig. 3-13a**, a adição de 0,2 M de glucose ao eletrólito contendo 0,5 M de PBS (pH=7) resulta numa diminuição significativa do potencial de redução com a oxidação da glucose. A **Fig. 3-13b** mostra que ocorre um aumento acentuado do potencial quando o oxigénio foi reduzido no momento em que foi introduzido, e a tensão estabiliza com a saturação do oxigénio no eletrólito. Conclui-se que o aumento da tensão se deve à redução do $ABTS^{+}$ a ABTS. Os OCP dos bioelectrodos podem ser recuperados para os seus valores iniciais após vários processos de descarga e repouso, indicando uma boa estabilidade e caraterísticas de auto-carga. Por conseguinte, o G-EBFC montado foi descarregado através da aplicação de vários impulsos de corrente e, em seguida, colocado em repouso durante 10 minutos. Como se mostra na Fig. **3-12g**, quando se aplica um impulso de corrente ao G-EBFC, detecta-se uma queda de tensão evidente, cuja intensidade aumenta com o aumento do impulso de corrente aplicado. Claramente, o G-EBFC é capaz de se recuperar rapidamente após cada impulso de descarga na presença de glucose e O_2 , o que pode ser atribuído aos processos contínuos de EGS dos bioelectrodos. A densidade de potência de impulso para cada impulso pode ser obtida multiplicando a tensão do ponto final e a densidade da corrente de descarga[151,156] . As densidades de potência dos impulsos de 2,43, 4,17, 5,01, 4,85, 4,69 e 4,49 mW cm^{-2} são obtidas com impulsos de corrente de 5, 10, 15, 20, 25 e 30 mA cm^{-2} , respetivamente (Fig. **3-12h**), significativamente superiores às do G-EBFC convencional (1,17 mW cm^{-2}) em descarga em estado estacionário. Além disso, o biodispositivo montado demonstra estabilidade operacional a longo prazo, adoptando o modelo de descarga por impulsos/auto-carga, no qual o G-EBFC produz uma densidade de potência de *cerca de* 350 μW cm^{-2} em cada descarga por impulsos. Consequentemente, o OCV do G-EBFC mantém-se a 93,7% do seu valor inicial após 100 ciclos de descarga por impulsos/auto-carga (Fig. **3-12i**), A pequena queda de tensão pode ser atribuída à diminuição da atividade da enzima me durante o funcionamento a longo m. e as curvas It- do G-EBFC mantêm-se a 99,5% do seu valor inicial utilizando a cronoamperometria (**Fig. 3-14**).

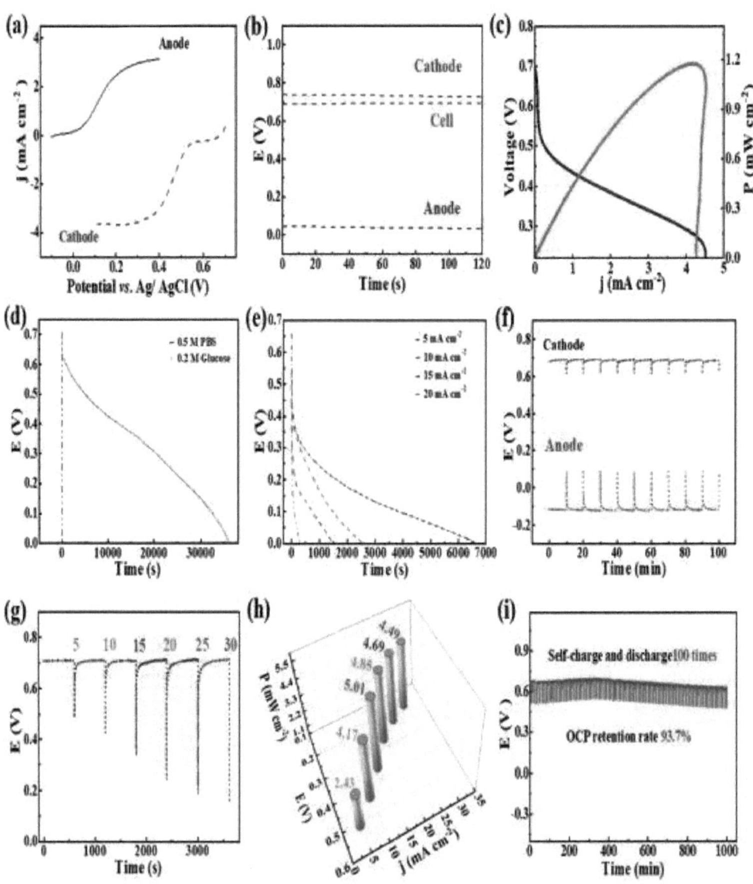

Fig. 3-12. (a) Curvas LSV dos bioelectrodos em PBS 0,5 M saturado com O_2 (pH 7,0) contendo 0,2 M de glucose. (b) PCOs dos bioelectrodos e da G-EBFC montada. (c) Curvas de

polarização e potência de saída para a G-EBFC a 1,0 mV s^{-1}. (d) Curvas de descarga galvanostática da G-EBFC a 1,0 mA cm^{-2} com e sem glucose. (e) Curvas de descarga galvanostática do G-EBFC a diferentes densidades de corrente. (f) Curvas de descarga galvanostática e de auto-carga dos bioelectrodos. (g) Perfil de queda de tensão da G-EBFC montada, aplicando vários impulsos de corrente. (h) Perfil potência-corrente-tensão num modo de descarga por impulsos com vários impulsos de corrente. (i) O teste de estabilidade a longo prazo do G-EBFC. O processo de descarga foi operado com um impulso de corrente aplicado de 0,5 mA cm^{-2} durante 1 s e depois em repouso durante 10 min.

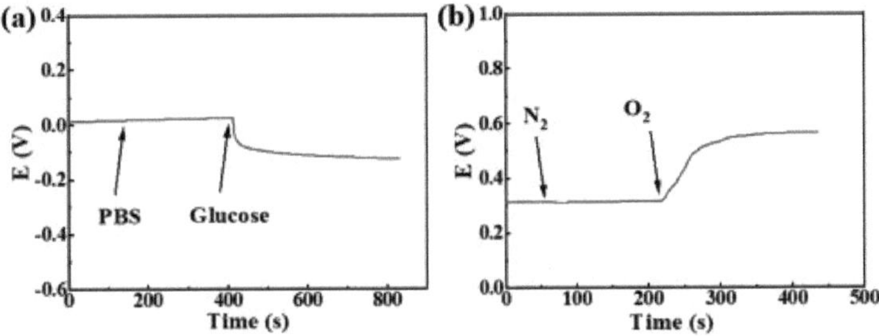

Fig. 3-13. Curvas do potencial de circuito aberto (OCP) do (a) bioanodo na presença e ausência de glucose a uma velocidade de varrimento de 10 mV s^{-1} contendo PBS 0,5 M (pH=7), (b) biocátodo em PBS 0,5 M saturado de N_2 (pH=7) e fluxo de O_2 injetado, a uma velocidade de varrimento de 10 mV s . $^{-1}$

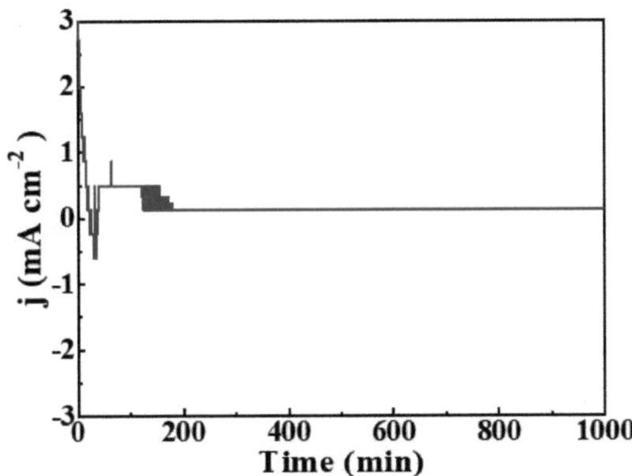

Fig. 3-14. Curvas It do G-EBFC montado a 0,5V e uma velocidade de varrimento de 0 mV s^{-1}

3.4. CONCLUSÃO

Em conclusão, foi construído um biodispositivo híbrido baseado na G-EBFC convencional, utilizando APC como material de elétrodo e mediadores redox como materiais pseudocapacitivos, demonstrando uma EGS de elevada eficiência. As enzimas catalisam a GOR e a ORR gerando energia eléctrica, que pode ser armazenada pelos mediadores redox pseudocapacitivos TTF e ABTS. O biodispositivo criado fornece uma densidade de potência máxima de 1,17 mW cm^{-2} e uma corrente de curto-circuito de 4,5 mA cm^{-2} na descarga em estado estacionário, bem como apresenta uma potência de saída significativamente maior de 5,01 mW cm^{-2} e uma excelente estabilidade de funcionamento no modo de descarga por impulso. O comportamento de auto-carga ocorre devido ao armazenamento de carga nos mediadores redox pseudocapacitivos quando ocorre a conversão enzimática e resulta numa mudança no OCP dos bioelectrodos em condições de circuito aberto. Este trabalho explora a aplicação prática do G-EBFC convencional, combinando a catálise enzimática com mediadores redox de armazenamento de carga e reticulação química, alcançando uma elevada potência, capacidade de auto-carga e estabilidade operacional a longo prazo, o que demonstra um potencial considerável como fonte de energia para eletrónica em miniatura, implantável e vestível.

Capítulo 4: Célula de biocombustível flexível/recarregável utilizando um eletrólito de hidrogel condutor e eléctrodos de carbono derivados de asfalto rugoso

As células de biocombustível enzimático (EBFCs) apresentam grandes perspectivas de aplicação em bantams de auto-abastecimento contínuo, flexíveis e vestíveis, e nós aqui relatamos uma que utiliza eléctrodos de carbono poroso derivado do asfalto e eletrólito de hidrogel condutor para resolver o problema da insuficiência de alimentação e da falta de portabilidade do equipamento. O bioanodo e o biocátodo foram fabricados modificando a glucose oxidase e a bilirrubina oxidase, respetivamente, em eléctrodos de carbono poroso derivado de asfalto (RADC). O RADC actua como um material de transporte multifuncional, possuindo a capacidade de transportar substrato, imobilizar moléculas de enzimas e pequenos meios redox, e empilhar canais interlayer não ordenados para uma transferência eficiente de electrões da enzima e da superfície do elétrodo de carbono vítreo (GCE). Consequentemente, o dispositivo apresenta uma tensão de circuito aberto (OCV) de 0,64 V e uma densidade de potência de 1,01 mW cm^{-2} . Beneficiando do eletrólito de hidrogel condutor e dos eléctrodos de carbono derivados do asfalto, no modo de auto-carregamento por impulsos, a densidade de potência de funcionamento das EBFC é de 4,27 mW cm^{-2} acompanhada de uma densidade de corrente de 16 mA cm^{-2} , que é 4,27 vezes superior à do modo de saída contínua. A excelente estabilidade de funcionamento das células de biocombustível enzimático é demonstrada na descarga constante durante 5691 s a 1 mA cm^{-2} e também apresentam 98% de retenção da densidade de potência após 16,67 h de funcionamento contínuo, aplicando impulsos de corrente de 0,5 mA cm^{-2} durante 1s.

4.1 INTRODUÇÃO

Recentemente, a eletrónica funcional flexível e extensível tem atraído cada vez mais atenção, uma vez que lhe confere caraterísticas combinadas de utilização, conforto, funcionamento à distância e feedback atempado [190-192]. A fim de igualar a potência de pequenos dispositivos electrónicos embalados, os investigadores estão interessados em desenvolver a eletrónica flexível de conversão e armazenamento de energia e até mesmo alguns dispositivos elásticos [193] . Há perspectivas de alimentar os biodispositivos flexíveis e portáteis através de células de biocombustível com boa biocompatibilidade. A célula de biocombustível convencional é constituída por um ânodo e um cátodo, divididos por um separador e um eletrólito difundido à sua volta [194, 195]. As enzimas são utilizadas como biocatalisadores nas EBFC para converter diretamente a energia química em combustíveis como a glucose [196]lactose [197]frutose [198] ou álcool metílico [199] etc., em energia eléctrica.

Para conseguir uma eletrónica flexível e auto-alimentada, foram desenvolvidas duas estratégias principais que envolvem a utilização de um esqueleto solto para melhorar a atividade enzimática e a utilização de materiais intrinsecamente flexíveis [200, 201]. Os materiais de carbono à nanoescala têm sido explorados em grande escala como materiais condutores para construir bioeléctrodos flexíveis para EBFC, devido à sua excelente condutividade eléctrica, elevada área de superfície específica, estabilidade química, propriedades mecânicas e biocompatibilidade [202-204]. Os materiais de carbono poroso à base de asfalto, com excelentes caraterísticas mecânicas, apresentam uma maior capacidade de transferência de carga, o que será favorável para melhorar a estabilidade de funcionamento das EBFC. A este respeito, os materiais de carbono à base de asfalto com defeitos estruturais típicos têm sido utilizados com sucesso nos domínios da purificação da água, adsorção de gases, eléctrodos de supercondensadores, etc., mas o exemplo para as células de biocombustível é mais pequeno. Yaphary [205] et al. descobriram a capacidade e o mecanismo do BMA e do asfalto para remover HMs à escala molecular, fornecendo um caminho para a conceção de betume com funções de valor acrescentado que minimizem a poluição ambiental. Zhang [206] et al. prepararam carbono mesoporoso de 2~4 nm que promoveu a rápida transmissão de iões de electrólitos orgânicos entre a superfície interna e o ambiente externo, modulando o conteúdo relativo dos componentes ópticos (TS) no alcatrão de hulha (CTP), maximizou a área de superfície efectiva do material e melhorou a sua capacidade específica, a capacidade de taxa, a estabilidade do ciclo e o desempenho de auto-descarga. A densidade de corrente foi de 4 mA cm^{-2} , acompanhada pela densidade de energia máxima de 0,15 mW h cm^{-2} , e o rácio total de V2~4 nm/V_{total} rácio de 31,3%. Um desafio para os investigadores de células de biocombustível enzimático é o de fazer funcionar sem problemas os dispositivos flexíveis, em que a capacidade de estiramento dos electrólitos líquidos convencionais é limitada, o que leva a considerar que vários condutores iónicos flexíveis, como os líquidos iónicos

[207]soluções de electrólitos e electrólitos de hidrogéis poliméricos, podem ser considerados condutores de carga comparáveis e têm sido utilizados para dispositivos flexíveis e extensíveis. O risco de fuga de soluções aquosas é um grande desafio nas células de biocombustível tradicionais, mesmo para os dispositivos encapsulados [208, 209]. Os hidrogéis, redes de polímeros reticulados infiltrados com epitaxia de água, que podem garantir uma miríade de muitas proporções de moléculas de solvente absorvidas e inspirar comportamentos condutores de iões semelhantes aos condutores de fase líquida na estrutura porosa [210, 211]. Os hidrogéis condutores revelaram-se um candidato a material promissor para dispositivos flexíveis devido à estabilidade mecânica e química, à compatibilidade com os tecidos biológicos e à versatilidade e flexibilidade na conceção das propriedades [212, 213]. Além disso, os cálculos teóricos previram o reforço das propriedades electroquímicas, da estrutura da rede espacial, das propriedades mecânicas e das biofuncionalidades dos hidrogéis condutores através da otimização das cargas condutoras, dos aditivos funcionais melhorados, da dosagem do agente de reticulação ou do tempo de polimerização [214-216]Os hidrogéis condutores podem atingir diversas funcionalidades para auxiliar a aplicação prática de sistemas eléctricos autónomos numa variedade de campos de prospeção em desenvolvimento, tais como sensores portáteis [217]e dispositivos flexíveis de armazenamento de energia [218].

Neste manuscrito, descrevemos uma célula de biocombustível enzimático flexível, vestível/recarregável, construída com um eletrólito condutor multifuncional de hidrogel, em que o carbono poroso derivado do asfalto imobilizado com glucose oxidase (GOx) e bilirrubina oxidase (BOD) foi utilizado como bioanodo RADC-TTF/GOx/GA e biocatodo RADC-ABTS/BOD/GA, respetivamente (Fig.4-1a). O hidrogel garantiu a condução das reacções bioelectrocatalíticas nos eléctrodos do ânodo/cátodo e actuou também como depósito de combustível. O nosso trabalho anterior provou que o carbono poroso derivado do asfalto nos dispositivos híbridos pode dotar não só a enzima de elevada atividade, mas também a glucose que flui através deles e a adsorção de pequenos meios moleculares. A GOx reage com a glucose para produzir ácido glucónico no bioanodo do dispositivo, juntamente com a libertação de iões de hidrogénio e electrões. No cátodo, a CBO catalisa a redução das moléculas de oxigénio e combina-se com iões de hidrogénio para formar H_2 O (Fig. 4-1b). Como consequência, as EBFC recentemente desenvolvidas, equipadas com carbono poroso derivado do asfalto e eletrólito de hidrogel condutor, podem fornecer uma tensão de circuito aberto de 0,64 V e uma densidade máxima de potência de saída de 1,01 mW cm^{-2} . A arquitetura poliporosa do hidrogel preparativo proporciona uma variedade de canais para a permeação da solução de glucose, sendo esta facilmente injectada na folha de gel por uma seringa (Fig. 4-1c). Os resultados fornecem orientações para o estudo extensivo de novas EBFC flexíveis e portáteis baseadas em hidrogéis condutores.

4.2 SECÇÃO EXPERIMENTAL

4.2.1 Reagentes

Asfalto fornecido por Mitsubishi Chemical Co., Ltd, Glucose oxidase (GOx) (~200 U mg^{-1} , Aspergillus niger), Bilirrubina oxidase (BOD) (40 U mg^{-1} , Myrothecium verrucaria), A solução de glutaraldeído (GA) (50%), A solução de Nafion (5% w/v) foi de Suzhou Shengernuo Technology Co, LTD, D-(+)-glucose, tetratiafluvaleno (TTF 97%), acrilamida (AAM), N,N-metilenobisacrilamida bis-acrilamida (MBA), K_3 $FeCN_6$ (98%), K_4 $FeCN_6$ (98%), H_3 PO_4 (85%), obtidos de Shanghai Macklin Biochemical Technology Co, Ltd, 2,2 '-azida bis (ácido 3-etilbenzotiazolina-6-sulfónico) (ABTS), quitosano carboxilado (CCTS), persulfato de amónio (APS) e etanodiol foram adquiridos à Shanghai Aladdin Biochemical Technology Co. Ltd. Todos os produtos químicos eram, no mínimo, de qualidade analítica e foram utilizados tal como recebidos.

4.2.2 Caracterização dos materiais

Os testes de espetroscopia de infravermelhos com transformada de Fourier (FT-IR) foram efectuados com a Thermo Fisher (Nicolet iS50). Os estudos de difração de raios X (XRD) foram realizados num difratómetro de raios X Ultima IV da Nishiku Corporation of Japan. Analisador de raios X (Thermo ESCALAB 250XI). A espetroscopia Raman foi efectuada com um instrumento LabRam HR Evolution com uma radiação Cu-Ka de 0,15418 nm (V=30 kV, I = 25 mA). A microscopia eletrónica de varrimento (MEV) foi realizada utilizando um instrumento MEV de emissão de campo Sigma 300 (Zeiss Sigma) a uma tensão de aceleração de 10 kV com um dispersor de energia Phoenix, o hidrogel foi sucessivamente liofilizado no frigorífico a -15°C, em poço de vácuo frio a -60 °C durante 2 dias. Em seguida, as fatias cortadas do hidrogel e a morfologia da secção transversal foram identificadas por microscópio eletrónico de varrimento de emissão de campo para investigar as suas microestruturas. As imagens de microscopia eletrónica de transmissão (TEM) foram registadas num microscópio JEOL JEM 2100F, com uma tensão de aceleração de 200 kV. As propriedades porosas foram determinadas por isotérmicas de absorção/dessorção de azoto e as distribuições do tamanho dos poros no instrumento Micromeritics ASAP2460.

4.2.3 Fabrico de carbono derivado de asfalto de superfície rugosa (RADC)

O RADC preparado foi cuidadosamente misturado com K_3 $Fe(CN)_6$ em solvente para 1 mL de álcool etílico e 10 mL de água desionizada para formar uma solução coloidal, e agitado durante 8 h. evaporando o solvente. A carbonização foi realizada através de aquecimento gradual (a 2 °C-min^{-1}) até à temperatura alvo 1200 numa atmosfera de azoto. A amostra áspera foi condensada em refluxo e soused com solução de ácido sulfúrico 2 M e solução de salpeter 3 M sob 75 °C por 12 h, cuidadosamente lavada com água destilada por várias vezes. Finalmente, então as anopartículas foram secas sob vácuo a 65 ° C por 24 h.

Para comparação, a proporção em massa de asfalto para ferricianeto de potássio foi de 1:0, 1:1, 1:2 e 1:3 como precursor, e o RADC final preparado foi de 1:2 de proporção em massa de asfalto para ferricianeto de potássio.

4.2.4 Fabrico de eléctrodos de trabalho

RADC/GCE

Inicialmente, foi utilizado como elétrodo de trabalho um GCE com uma área geométrica de 0,07 cm^2 . Antes da operação experimental eletroquímica, o GCE foi polido de forma ordenada em pasta Al O_{23} 0,1, 0,05 µm, tratamento ultrassónico em água desionizada, acetona, etanol, água desionizada durante 15 s e, em seguida, seco sob a luz solar para obter o elétrodo espelhado. Em seguida, 5 µL de uma solução de RADC a 10 mg/mL contendo DMF foram colocados no GCE e secos sob a luz solar. Nestas circunstâncias, foram efectuadas três réplicas experimentais.

Bioanodo RADC-TTF/GOx/GA

O papel químico foi cortado em blocos de 3 cm × 3 cm, lavado por ultra-sons com acetona durante 10 minutos e depois enxaguado com etanol e água desionizada. Colagem de um autocolante com uma abertura de 12 mm no lado condutor do PC. Foi utilizada uma área geométrica de 1,13 cm^2 para o cálculo da densidade da corrente nos ensaios electroquímicos.

Primeiramente, 14 μL de solução de meio redox do TTF (0,025mol L^{-1} , acetonitrila) e uma alíquota de 70 μL de solução de RADC 10 mg/mL misturados, a tinta foi gotejada sobre a superfície do CP até atingir a dosagem de 72 μL e seca abaixo da lâmpada solar, para obter o eletrodo RADC-TTF/CP e armazenado a 4 °C por 5 min. Posteriormente, a preparação de 30mg mL de solução de^{-1} GOx empregou o solvente de tampão fosfato 0,1 M (pH 7,0), 80 μL dos quais revestidos na superfície RADC-TTF / CP, para obter o eletrodo RADC-TTF / GOx / CP e armazenado a 4 °C por 3 h. Posteriormente, 10 μL de solução de GA (5%) foram colocados na superfície modificada por RADC-TTF / GOx para obter RADC-TTF / GOx / GA / CP que a solução de GA (50%) foi diluída no PBS 0,5 M (pH 7,0) em uma proporção de 1:10 (v / v) para obter a solução de GA (5%). Em seguida, os 90 μL de solução de Nafion (5%) foram diluídos no reagente líquido (a mistura de 22,5 μL de isopropanol e 67,5 μL de PBS (0,1M pH 7.0)), numa proporção de 1:9 (v/v) para obter uma solução salina de Nafion e para evitar a desnaturação enzimática devido à acidificação local, 43 μL de solução de Nafion (5‰) foram deixados cair sobre a superfície do bioanodo RADC-TTF/GOx/GA/CP secando durante 30 min para promover a sua estabilidade, para obter uma película fina de RADC-TTF/GOx/GA sobre a superfície da fita condutora do papel de carbono.

Biocátodo RADC-ABTS/BOD/GA

Para a preparação do biocátodo, foram misturados 70 μL de uma solução de RADC (10 mg mL^{-1} DMF) e 14 μL de uma solução de ABTS (0,02 mol L^{-1} água), 72 μL do licor misturado foram lançados sobre o elétrodo CP para obter o elétrodo RADC-ABTS/CP, depois 80 μL de solução de CBO (20 mg mL^{-1} 0.1M PBS) sobre a superfície do elétrodo RADC-ABTS/CP para obter o elétrodo RADC-ABTS/BOD/CP, mantido numa câmara húmida a 4°C durante 2-4 h até à adsorção completa da enzima, os 10 μL de solução GA a 5% foram espalhados sobre o elétrodo RADC-

ABTS/BOD/CP e mantidos numa câmara húmida a 4°C durante 40-50 min. Por último, os 43 μL de solução de Nafion a 5‰ foram cobertos sobre a camada de enzima ligada por reticulação GA e a película de RADC-ABTS, para obter o biocátodo RADC-ABTS/BOD/GA e para fornecer uma camada catalítica para O_2 a partir da difusão de ar, o elétrodo foi incubado a 4 °C para utilização posterior.

4.2.5 Síntese e ensaio do eletrólito de hidrogel polimérico e montagem da célula de biocombustível

O monómero de acrilamida (AAM, 1,415 g), o reticulador de bis-acrilamida N,N-metilenobisacrilamida (MBA, 0,001 g), 0,005 g de quitosano carboxilado (CCTS) e 4 ml de etanodiol foram adicionados a 4 ml de PBS (0,5 M, pH 7,0) com agitação contínua. Depois de adicionar o iniciador de persulfato de amónio (APS, 0,215 g) na solução acima, a solução de 2ul foi vertida num molde (2 cm × 2 cm) e colocada num forno para polimerização a 55 °C durante 20 minutos. A folha de hidrogel como sintetizada foi imersa na solução tamponada de fosfato contendo 0,2 M de glicose por 12 horas para permitir a infiltração de glicose na folha de hidrogel. E doada como PAAM-G. A célula de biocombustível foi montada pressionando diretamente o ânodo e o cátodo juntos em dois lados de uma peça de folha de hidrogel eletrolítico.

4.2.6 Ensaios electroquímicos e desempenho das EBFC

Os estudos electroquímicos foram realizados com uma estação de trabalho eletroquímica CHI760e (CH Instruments, Xangai) numa célula eletroquímica de três eléctrodos, os espectros de impedância eletroquímica (EIS) e as curvas de voltametria cíclica (CV) de ADC conduzidos em KCl 0,1 M contendo 5 mM $[Fe(CN)]_6^{3-/4-}$ na frequência de 0,05 Hz a 100 kHz com uma amplitude de 10 mV. Curvas CV e curvas de voltametria de varrimento linear (LSV) dos bioanodos RADC-TTF/GOx/GA e do biocátodo RADC-ABTS/BOD/GA, ambos utilizados como elétrodo de trabalho, foram avaliadas numa solução de glucose ou em PAAM-G em condições de difusão de gás. O teste de cronopotenciometria (CP) e as quedas de tensão do sistema electrocatalítico bioquímico através da aplicação de várias densidades de corrente com um impulso de 1 s e a estabilidade de funcionamento a longo prazo foram testados em PAAM (0,5 M PBS, pH 7,0) ou PAAM-G (0,2 M glucose pH 7,0) em condições de difusão de gás. Nesta configuração, a camada catalítica das enzimas foi modificada (a área geométrica é igual a 1,13 cm^2) do bioelectrodo RADC-ABTS/BOD/GA para o lado do eletrólito e a camada hidrofóbica de papel de carbono está virada para o ar.

4.3 RESULTADOS E DISCUSSÃO

O processo de reação microscópica no elétrodo foi estudado por Voltametria Cíclica (CV) para verificar o desempenho catalítico do material ativo preparado. Foi aplicada uma tensão de impulso triangular isósceles ao elétrodo de trabalho. Como se mostra na Fig. 4-2a, a simetria horizontal excelente das ondas de oxidação e redução foi detectada em cada elétrodo, o que se deve à boa reversibilidade da desreacção redox $[Fe\ (CN)\ ]_6^{3-/4-}$. A taxa de reação no elétrodo é fortemente dependente do potencial do elétrodo, enquanto a densidade da corrente de reação depende da taxa de reação. Verifica-se obviamente que a densidade de corrente (0,64 mA cm^{-2}) detectada no GCE nu (curva a) é a mais pequena de todos os eléctrodos, indicando que a modificação do ADC promove a reação de Faraday na superfície do elétrodo. É de notar que o valor da corrente de pico dos ADC catalisados pela ativação do ferricianeto de potássio é superior ao do ADC preparado por recozimento direto a alta temperatura do asfalto como precursor, indicando que o ferricianeto de potássio modificou com êxito o material. A corrente de pico da curva c é a mais elevada, até 1,66 mA cm^{-2} , o que indica que o RADC preparado tem uma excelente condutividade eléctrica e sítios activos abundantes.

A composição do material e a estrutura atómica interna das amostras preparadas foram examinadas com recurso à difração de raios X (XRD). Como se pode ver na Fig. 4-2b, os sinais dos picos de difração (002) e (101) dos planos de carbono com diferentes intensidades de difração apresentados no padrão XRD devem-se ao facto de, quando o cristal e o feixe incidente se encontram em ângulos diferentes, serem detectados os planos de cristal que satisfazem a difração de Bragg. Em comparação com o ADC puro (curva a), a posição do pico de difração (002) do RADC (curva b) é mais baixa, manifestando o aumento da distância entre as camadas cristalinas após a excitação com ferricianeto de potássio, e o pico de difração (002) com RADC largo e baixo aparece porque a sua estrutura é amorfa, ao contrário da ordem de longo alcance dos átomos de carbono dispostos em cristais padrão. Existem apenas ordens de curto alcance dentro de alguns átomos.

Para investigar as caraterísticas de ligação e a composição química do material RADC (curva b) e ADC pristino (curva a), foram realizados testes de espetroscopia de fotoelectrões de raios X (XPS). A Fig. 4-2c mostra o espetro de C 1s; três picos localizados a 284,6, 285,3 286,6 e 288,8 eV correspondem ao carbono sp^2 , carbono sp^3 , **C=C** e O-C-O, respetivamente. Esta é uma prova sólida da preparação triunfante do RADC que apresenta um carbono sp^2 mais elevado do que o ADC puro.

Os espectros Raman (Fig. 4-2f) demonstram dois picos caraterísticos de ADC localizados a 1342 cm^{-1} e 1586 cm^{-1} , respondendo ao grau de desordem da estrutura cristalina para a banda D e ao modo de vibração de estiramento no plano para a banda G, sucessivamente. O rácio de intensidade (I_D /I_G) de ADC (curva a) e RADC (curva b) como medida de grafite desordenada aumenta de 1,04 para 1,27 após a catálise com ferrato de potássio, indicando uma aspiração a introduzir defeitos e sítios activos com sucesso na matriz de carbono realizada.

As suas propriedades texturais foram avaliadas através da isotérmica de adsorção-dessorção de azoto e da curva de distribuição do tamanho dos poros, comparando o RADC e o ADC puro. A curva ADC (curva a) apresenta obviamente o tipo I clássico, ilustrando a estrutura de microporos dominante. No entanto, a curva RADC (curva b) mostra a curva do tipo IV com um laço de histerese caraterístico do tipo H_3 dentro da janela de P/P_0 de 0,42 a 1,0, mostrando a abundante estrutura de multiperfuração meso/macro solta. A área de superfície BET e o volume dos poros aumentam de 15 m^2 g^{-1} para 162,73 m g^{2-1} ; 0,02 para 0,16 m g^{2-1} respetivamente. Este fenómeno revela que foram criados poros em abundância. O restante diâmetro médio dos poros foi calculado em 10,05 nm, o que pode ser atribuído ao espaço interior do asfalto que beneficia da excitação do ferricianeto de potássio.

Para investigar melhor a formação do RADC, foi utilizada a microscopia eletrónica para observar as alterações morfológicas. A Fig. 4-3a detecta a construção do RADC de um poro tridimensional típico com canais interligados. A Fig. 4-3b, detectada por microscopia eletrónica de transmissão de alta resolução (HRTEM), mostra a superfície rugosa do RADC com porosidade e caraterística aberta. A Fig. 4-3c prova ainda a interconectividade de cada poro que cresce no RADC e uma estrutura aberta-3D construída com a união desordenada de átomos de carbono individuais e a pilha de camadas de vários carbonos. Isto pode ser atribuído às estruturas porosas altamente desenvolvidas geradas durante a ativação química, o que é favorável ao enchimento de electrólitos flexíveis e facilita a difusão de substratos e iões. A Fig. 4-3d revela que a espessura da intercamada correspondente ao plano (002) da estrutura de carbono duro para o RADC (0,41 nm), em comparação com a da grafite (0,36 nm), aumenta a distância interplanar devido à ativação catalítica do efeito do ferricianeto de potássio. Na ausência do catalisador, o carbono derivado do asfalto apresentava uma estrutura semelhante à da grafite, muito bem organizada e compacta. Com a adição de ferrato de potássio, o espaçamento entre as camadas de carbono aumentou. A morfologia ideal foi a relação de massa de asfalto para ferrato de potássio de 1:1, e o carbono derivado de asfalto com seda fina e superfície áspera foi obtido. O que está de acordo com os resultados de XRD. Os seus baixos teores de grafite demonstram a natureza ampla e fraca destes carbonos.

Subsequentemente, investigámos o desempenho eletroquímico do ânodo e do cátodo individuais no eletrólito flexível de PMMA (PBS, pH 7,0) com um sistema de três eléctrodos (Fig. 4-4a). Antes do ensaio, testámos as propriedades físicas do eletrólito de hidrogel. A emergência do efeito sinérgico na estrutura tridimensional da rede, estabelecida em redes moleculares de PAAM covalentemente reticuladas e multiplicidade de ligações físicas dinâmicas reticuladas por redes de etanodiol e quitosano carboxilado (CCTS), conferiu ao hidrogel propriedades mecânicas atractivas e capacidade de auto-regeneração. O hidrogel flexível PAAM-G pode auto-regenerar-se in-situ, reparar autonomamente a fissura em 20 minutos quando as duas aberturas cortadas entram em contacto uma com a outra e o monobloco recuperado pode sustentar a força gravitacional de um molde de borboleta. A utilização da variedade e da interação intermolecular dinâmica reversível que contém o efeito de ligação de hidrogénio, a ação de associação hidrofóbica e a polarização de iões é uma estratégia válida para abordar a caraterística de auto-cura do eletrólito flexível (Fig. 4-5a). Além disso, os hidrogéis também apresentam resistência à perfuração. A Fig. 4-5 b mostra que os hidrogéis não podem ser facilmente perfurados. Explorámos a força e a repetibilidade da adesão entre os hidrogéis e os substratos, testando a sobreposição de cisalhamento, conforme representado na Fig. 4-5c-g. Devido ao acoplamento como interações electrostáticas ou dipolo-dipolo, que ocorre nos grupos carregados do CCTS e nas cadeias iónicas nos hidrogéis, os hidrogéis flexíveis representam uma excelente auto-adesão repetível. Podem ser ligados sequencialmente a frascos cónicos de 250 ml, copos de 100 ml, montagem de moldes mais rápida e de bateria. Especialmente, o bloco flexível que adere à pele pode ser alongado como o movimento da articulação do pulso e fácil de descolar, sem qualquer resíduo ou reação anafiláctica. Curiosamente, os electrólitos flexíveis podem ser moldados numa variedade de formas, mostrando uma excelente plasticidade (Fig. 4-5h-k). O grupo amida reage com o grupo carboxilo do quitosano carboxilado e o grupo hidroxilo do glicol para formar grupos dinâmicos carregados. Este acoplamento químico constitui a arquitetura da primeira camada dos hidrogéis flexíveis compostos. Entretanto, o emaranhamento de cadeias intermoleculares e as ligações de hidrogénio intramoleculares e intermoleculares entre os componentes formam a segunda rede de hidrogéis. Os dois tipos de redes interpenetram-se mutuamente, formando assim uma estrutura de rede dupla tridimensional. Como resultado, o hidrogel apresenta uma excelente condutividade eléctrica. O ânodo RADC-TTF/GOx/GA registou um sinal de pico aparente a 0,31 V na curva de polarização (Fig.4-4b). Posteriormente, o bioanodo RADC-TTF/GOx/GA apresentou uma resposta rápida à corrente (Fig. 4-4c), um aumento acentuado da corrente foi atribuído à oxidação da glucose acompanhada pela solução de glucose injectada no eletrólito flexível PAAM. Por outro lado, o dispositivo foi selado com um fluxo de N_2 durante 30 minutos, tendo sido detectado no cátodo do RADC-ABTS/BOD/GA um sinal de que a substância foi reduzida a 0,45 V (Fig. 4-4d). Em seguida, o O_2 foi introduzido no eletrólito de flexibilidade do PAAM e o biocátodo do RADC-ABTS/BOD/GA revelou uma resposta de corrente distinta, o que manifestou que o O_2 foi reduzido com sucesso (Fig. 4-4e). As reacções de bioelectrocatálise bem sucedidas de oxidação da glicose e de redução do oxigénio foram realizadas no bioanodo e no biocatodo, respetivamente, o que indicou que as EBFCs são termodinamicamente favoráveis, estabelecidas a partir da diferença de potencial entre os ânodos positivo e negativo. Para comparação, o RADC, na ausência de enzimas carregadas, possuía uma atividade eletroquímica catalisada limitada para a oxidação da glucose e a redução do oxigénio. A curva CV foi registada num eletrólito flexível de PAAM-G (pH = 7,0), a curva CV do elétrodo RADC/GCE tem uma forma retangular sem sinais de pico bem definidos, manifestando o comportamento capacitivo típico do RADC, o que demonstra que o RADC actuou como um promissor transportador de transferência de electrões para acelerar as enzimas e os substratos no processo bio-eletroquímico.

Para manifestar os princípios de geração e transformação de energia e sondar se os ânodos ou cátodos são competentes para capturar os alvos com CV empregue. A janela de potencial do ânodo e do cátodo foi de -0,1-0,4 e 0,1-0,7 V, respetivamente, a uma velocidade de varrimento de 10 mV s^{-1} , registada num eletrólito de PAAM-G (pH = 7,0), como se mostra na Fig. 4-6a, RADC-TTF/GOx/GA na existência de glicose 0.2 M de glucose, observou-se uma resposta sigmoidal, decorrente da oxidação catalítica da glucose, quando um pico é atribuído à oxidação do TTF (Fig. 4-4a.) no PBS, o processo de oxidação da glucose foi investigado para provar a imobilização eficiente da glucose oxidase no ânodo, e acompanhado por GOx catalisando a oxidação da glucose a ácido glucónico. A reação de redução do oxigénio através da camada catalisadora RADC-ABTS/BOD/GA também foi investigada. A Fig.4-4b indicou o efeito especial do biocátodo RADC-ABTS/BOD/GA em N_2 PAAM saturado, em que um pico é atribuído à oxidação do ABTS redutor. No entanto, quando o dispositivo é aberto ao ar, o valor da corrente de redução diminui até atingir o seu ponto mais baixo no biocátodo RADC-ABTS/BOD/GA em 0,38 V (Fig. 4-6a). Este pico foi atribuído à redução do oxigénio. Com a mudança de fase do eletrólito, a densidade da corrente diminuiu, como esperado, como se pode ver nas Fig. 5a, b, o que se deve provavelmente ao facto de o hidrogel flexível em estado sólido substituir o eletrólito convencional, o que diminui a difusão do substrato.

As medições EIS foram caracterizadas para investigar o comportamento da carga na superfície do elétrodo. O semi-arco do elétrodo de carbono vítreo nu a alta frequência representa a sua elevada resistência à transferência de carga (Rct), ao passo que a curva do GCE modificado com RADC é uma linha inclinada, que manifesta a diminuição da resistência interfacial devido à decoração do estrato condutor excecional do RADC. Foi possível observar um quarto do arco no ensaio das células devido à causa evidente das grandes caraterísticas de resistência à transferência de carga das proteínas da bioenzima normal. As curvas da célula (solução de glucose) e da célula (PAAM-G) tiveram quase a mesma trajetória, o que comprova a mesma condutividade eléctrica entre os hidrogéis sintéticos e as soluções iónicas. Além disso, pode observar-se uma cauda reta na região de baixa frequência de todas as curvas de teste, indicando que sofreram um processo de difusão superficial, e existe um elétrodo RADC/GCE com o maior declive da curva, o que indica ainda que o RADC promove a difusão de carga na superfície do elétrodo. Os resultados mostram que a cinética do transporte de carga pode ser melhorada decorando os eléctrodos enzimáticos com RADCs altamente condutores de têxteis porosos.

Para investigar as caraterísticas de transformação de energia e a capacidade de alimentação do dispositivo híbrido à base de hidrogel, o PC foi utilizado para efetuar descargas com uma densidade de corrente de 1 mA cm^{-2} em diferentes situações. Em primeiro lugar, a investigação da experiência comparativa no que diz respeito às condições electrolíticas do PAAM e do PAAM-G. Como demonstrado na Fig.4-6c, o tempo de descarga anterior (curva vermelha) foi de 5691 s, o que representa um prémio de tempo até 183,58 vezes superior ao da descarga posterior (31s) (curva preta). Este comportamento capacitivo é atribuído à catálise biológica e ao processo colaborativo de auto-carga na camada catalítica da superfície do elétrodo na presença de glucose. Simultaneamente, verificou-se um declínio acentuado da tensão no segundo (linha preta), o que pode ser atribuído ao facto de o catalisador não funcionar e de quase não ser produzida eletricidade, acompanhado de uma descarga rápida com o dispositivo em funcionamento.

Posteriormente, para comprovar a caraterística de armazenamento de carga deste dispositivo híbrido, os capacitivos foram analisados com diferentes densidades de corrente e o gráfico de comparação é apresentado na Fig. 4-6d. Com densidades de corrente de 2 mA cm^{-2} , a capacitância específica detectada diminui para 0,503s. A densidades de corrente elevadas de 3 mA cm^{-2} , a capacitância desce rapidamente para 0 V. No passo de descarga de densidades de corrente de 3 mA cm^{-2} , a tensão desce rapidamente para se aproximar de 0 V. Os resultados mostram que, descarregada a densidades de corrente baixas, é possível obter valores de capacitância elevados.

As propriedades bioelectroquimicamente catalisadas e a estabilidade enzimática do dispositivo híbrido foram avaliadas através da aplicação de um ciclo de descarga por impulsos a uma corrente especificada. Os ciclos individuais de carga/descarga dos bioelectrodos foram monitorizados durante um período de 100 minutos e o OCV correspondente foi calculado como a diferença entre o OCP do bioanodo e do biocátodo) do biossupercapacitor montado a partir de um bioanodo RADC-TTF/GOx/GA e de um biocátodo RADC-ABTS/BOD/GA, demonstrando um excelente desempenho de auto-carga dos dois bioelectrodos. Após cada queda de tensão, o sistema híbrido regressa ao valor de tensão anterior ao impulso, devido à conversão contínua de energia das enzimas, que é eficaz quando a glucose e o oxigénio são bem fornecidos. A estabilidade do sistema ao longo de vários ciclos de carga/descarga pode dever-se ao facto de as enzimas estarem disponíveis para adsorção ativa e biodegradação de substratos durante o funcionamento do dispositivo de auto-carga. A tensão capacitiva aplicada ao impulso durante um segundo foi detectada na Fig. 5e com várias densidades de corrente durante um período de 600 s, variando de 10 mA cm^{-2} a 20 mA cm^{-2} . É interessante notar que, quando se aplica um impulso de corrente, surge uma queda de tensão evidente cuja intensidade depende da corrente aplicada. Após o impulso, uma certa tensão recuperou rapidamente e, em seguida, um valor de tensão incipiente suave recuperou gradualmente, sugerindo uma excelente estabilidade do dispositivo ao longo de vários processos de carga/descarga. A tensão de circuito aberto (OCV) das EBFCs montadas à base de hidrogel PAAM-G manteve-se basicamente inalterada (0,64 ± 0,07 V) com o modo de impulso. Além disso, a densidade máxima de potência de saída conduziu a um valor 4,23 vezes superior em comparação com a condição de tensão constante (Fig. 4-6e, f). As curvas típicas de potência de saída e de polarização das EBFCs à base de hidrogel PAAM-G são mostradas na Fig. 4-6g, a densidade máxima de potência de saída das EBFCs é de 1,01 mW cm^{-2} a 0,24V, e a densidade de corrente de curto-circuito é de 3,74 $mAcm^{-2}$. Posteriormente, avaliámos a propriedade de saída das EBFCs em solução de glucose 0,2 M, o OCV foi de 0,70 V, o que é superior ao das EBFCs à base de hidrogel (0,64V). *O* j_{max} é de 4,62 mA cm^{-2} e o P_{max} é de 1,14 mW cm^{-2} , podendo ser monitorizado a 0,16 V, pelo que se pode verificar que o eletrólito foi alterado de solução aquosa para hidrogel e que a tensão e a potência da bateria não diminuíram muito.

O ciclo de ensaio de estabilidade a longo prazo do sistema foi efectuado 100 vezes com uma densidade de amperes de 0,5 mA cm^{-2} aplicada em cada impulso durante 1s. Um pedaço de eletrólito flexível de PAAM-G foi ensanduichado entre dois eléctrodos de difusão de ar. Antes de a tensão cair, as cargas de equilíbrio durante 60 minutos na experiência subsequente entre os ciclos de carga/descarga e a difusão dos substratos. O progresso variacional da tensão foi supervisionado para cada impulso, um valor de tensão estável do sistema híbrido catalisado bioelectroquimicamente podia ser restaurado em 0,64 V em 600 s para cada descarga (Fig. 4-6h) . Reconhecendo-se que a auto-carga do RADC depende da conversão de energia da catálise bioproteica, a ligeira subida da tensão inicial deve-se muito possivelmente à difusão constante de

TTF/ABTS através do elétrodo modificado com RADC. O resultado é que, no início do estudo, a energia armazenada é parcialmente libertada até se atingir o equilíbrio. Mais importante ainda, a imersão prolongada em solução de glucose durante muito tempo levou a uma diminuição da cobertura enzimática dos eléctrodos enzimáticos, o que afecta o número de electrões gerados, afectando assim a estabilidade dos bioeléctrodos e a eficiência da difusão de iões, o que acaba por conduzir a uma tensão baixa e instável. As EBFC à base de hidrogel apresentam uma excelente estabilidade de carga-descarga por impulso. Os dados dos parâmetros de desempenho obtidos com o dispositivo de auto-carga e os alcançados por outros estudos que utilizaram diversas combinações de bioenzimas são apresentados na Tabela 4-1.

4.4 CONCLUSÃO

Em suma, fabricámos de forma inovadora eléctrodos com RADC-TTF/GOx/GA e RADC-ABTS/BOD/GA para criar uma célula de supercapacitor/biocombustível. Além disso, o supercapacitor/biocombustível concebido apresentou caraterísticas promissoras, tanto com eletrólito líquido como com eletrólito em gel, com uma carga constante aplicada, ou seja, uma densidade de potência de saída de 1,14 mW cm^{-2} e 1,01 mW cm^{-2} , respetivamente. Hidrogel flexível com excelentes propriedades de auto-regeneração, ductilidade, adesividade, resistência à perfuração, plasticidade e propriedades condutoras baseadas em interações electrostáticas e reticulação química. O dispositivo híbrido de gelatina proposto revelou uma excelente estabilidade operacional das caraterísticas de bio-sensorização em comparação com o dispositivo híbrido normal (mantendo até 98% da sua densidade de corrente inicial com um modo de impulso após 16,67 horas de funcionamento contínuo). As nossas descobertas não só introduzem um novo horizonte para o desenvolvimento da utilização eficiente de resíduos de asfalto, como também abrem um caminho para a exploração de dispositivos híbridos de hidrogel de glucose para armazenamento e conversão de energia bioquímica.

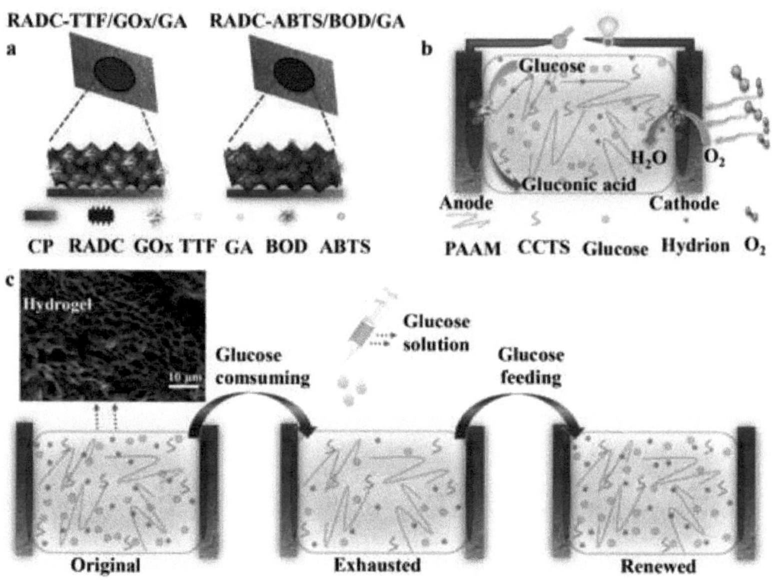

Fig. 4-1 (a) Esquema dos bioelectrodos têxteis compostos de RADC/enzima. (b) Esquema da célula flexível de biocombustível. (c) Esquema para mostrar o processo de renovação das BEFCs.

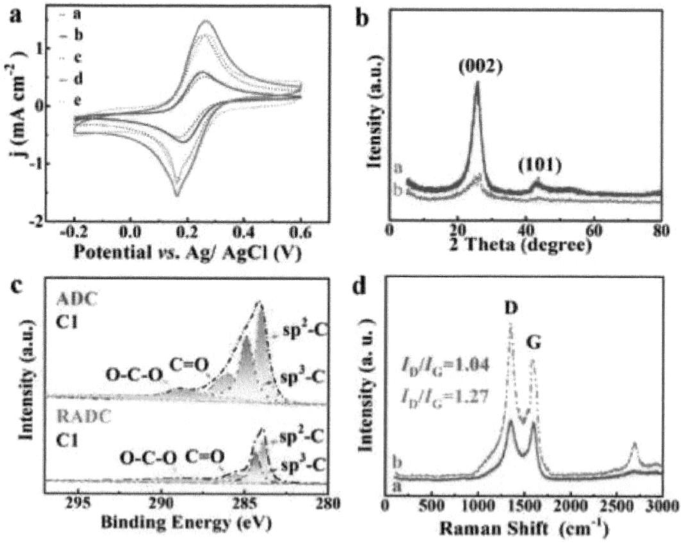

Fig. 4-2 (a) Curvas CV de amostras de RADC com a razão mássica de asfalto para $K_3[Fe(CN)_6]$ de (curva a) 1:0, (curva b) 2:1, (curva c) 1:1, (curva d) 1:2, sob a atmosfera de N_2, a uma velocidade de varrimento de 10 mV s^{-1} em 0,1 M KCl contendo 5 mM $K_3[Fe(CN)_6]$. (b) Padrões de XRD de ADC (curva a), RADC (curva b). (c) Resultados do ajuste dos espectros XPS C1s do ADC e do RADC. (d) Espectros Raman de ADC (curva a) e RADC (curva b).

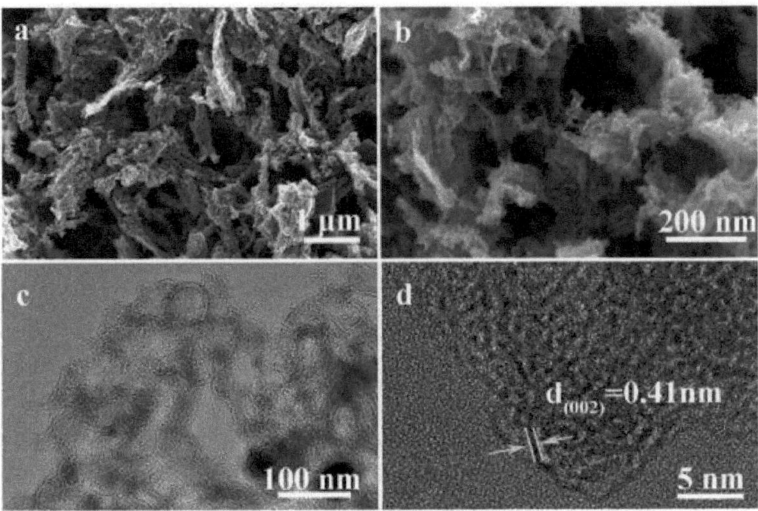

Fig. 4-3 Imagens SEM (a,b) e HR- TEM (c,d) do RADC.

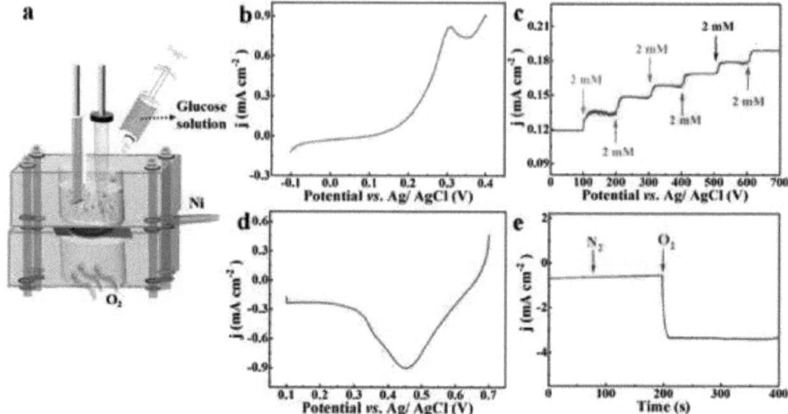

Fig. 4-4 Desempenho eletroquímico dos bioelectrodos. (a) Iluminação esquemática do sistema de três eléctrodos para medir o desempenho eletroquímico dos bioeléctrodos (RADC/enzima, Ag/AgCl/KClsat e fio de platina foram utilizados como elétrodo de trabalho, elétrodo de referência e contra elétrodo, respetivamente). (b) Curva de polarização do bioanodo RADC-TTF/GOx/GA em PBS 0,5 M (pH = 7,0). (c) Curva I-t do bioânodo na presença de glucose em PBS. (d) Curva de polarização do biocátodo RADC-ABTS/BOD/GA em PBS 0,5 M. (e) Curva I-t do biocátodo em PBS saturado com O_2 .

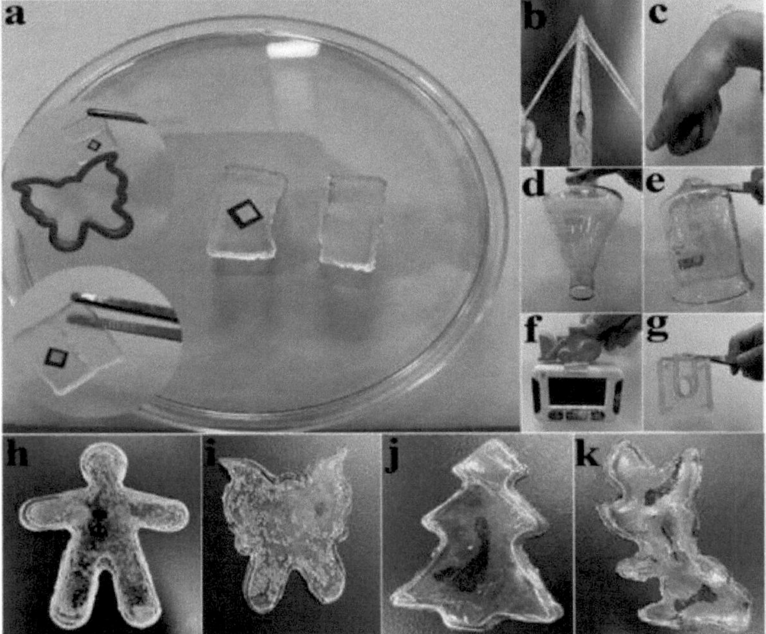

Fig.4-5 Teste das propriedades físicas dos hidrogéis (a) Fotografias do processo de auto-regeneração do hidrogel. (b) Resistência à perfuração do hidrogel. (c) Hidrogel integrado no pulso humano. (d-g) Exposição adesiva do hidrogel aderente a diversos materiais (h-k) Hidrogéis moldados em várias formas.

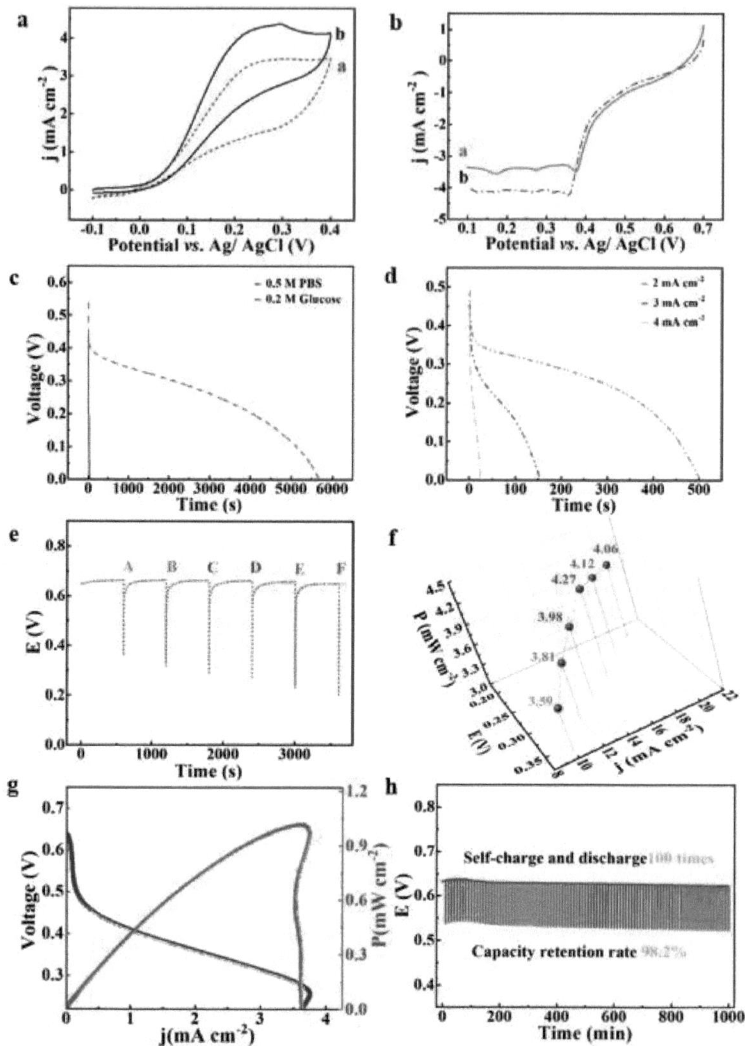

Fig.4-6 (a) Curvas CV do RADC-TTF/GOx/GA em solução de glucose 0,2 M (pH 7,0 curva a) e PAAM-G (curva b), a uma velocidade de varrimento de 10 mV s^{-1} . (b) ORR no carbono modificado RADC-ABTS/BOD/GA respetivamente em solução de glucose 0,2 M (curva a) e PAAM-G (curva b). (c) Curvas E-t deste dispositivo bioelectroquímico híbrido, recolhidas a 1 mA cm^{-2} , medidas em ar saturado com PAAM-G (0,2 M glucose) e PAAM (0,5 M PBS, PH 7,0) (d) Curvas de teste de cronopotenciometria (CP), recolhidas a diferentes densidades de corrente, de EBFCs medidas

com PAAM-G. (e) Desempenho eletroquímico representativo das EBFCs montadas com PAAM-G. Curvas de carga/descarga. As quedas de tensão foram medidas através da aplicação de diferentes impulsos de corrente: (A) 10 mA cm^{-2} , (B) 12 mA cm^{-2} , (C) 14 mA cm^{-2} , (D) 16 mA cm^{-2} , (E) 18 mA cm^{-2} e (F) 20 mA cm^{-2} durante um período de 1 s. (f) Perfil de potência-corrente num modo de impulso a partir dos valores de tensão do ponto final obtidos através da aplicação de vários impulsos de corrente. (g) Curvas de polarização e potência de saída das EBFCs de glucose/O_2 montadas utilizando RADC a 1,0 mVs^{-1} com PAAM-G. (h) O teste de ciclos de carga/descarga a longo prazo do dispositivo híbrido montado com PAAM-G, aplicando um impulso de corrente de 0,5 mA cm^{-2} durante o tempo de descarga de 1 s.

Quadro 1 Lista das propriedades das fontes de energia enzimática que utilizam a glucose como substrato.

Ânodo	Cátodo	Glucose (mM)	OCV (V)	P_{Max} (μWc m)$^{-2}$	Estabilidade	Ref.
GDH/NAD @ZIF-L@TA$^+$	MCH@fita b'@AuNPs@FTO	10	0.59	239.23	74% da resposta de P_{Max} mantém-se após 5 dias de funcionamento	[219]
FDH/PABA/MWCNT/G	TvL/2-ANT/MWCNT/G	50	0.52	1300	retendo até 90% da sua densidade de potência inicial após 8 h de aplicação de uma corrente de impulso de 100 μA durante 3 s	[220]
BP/PMG/FAD-GDH	BP/PB/DEUS	30	0.50	783.5	aplicado um impulso de corrente de 1 mA cm^{-2} durante 2 s, 90,0% do seu PCO inicial mantém-se após 5 h	[221]
GDH/poli	GOx/HRP	40	0.65	165.9	-	[222]

etileno (TBO)/rGO/GCE	/MWCNT /GE					
GOx/Os/hPG	CBO/SB/ hPG	6	0.41	9.6	a deteção contínua da glucose só pôde ser efectuada com precisão durante as primeiras 7 horas de funcionamento contínuo	[223]
GOD/PMMFc	Pt	50	0.51	50	a tensão celular inicial de 416 mV apenas desceu para 409 mV e a perda de tensão celular (24 h, 1.7%)	[224]
PAE-Au-GOx	PCE-Au-DBO	50	0.77	132	O BFC pode funcionar em contínuo durante 2,0 h	[225]
FAD-GDH/ /MWNTs /BP	Lacase /MWNTs / BP	30	0.56	608	Após 7 dias de funcionamento, conservou 56% da sua potência máxima	[226]
GDH/Dp/NADH/Pt	CBO/ /Pt	5	-	162	A produção de eletricidade diminuiu 3,3% após 210 minutos	[227]
GOx/Au @PANI	Lacase/Au @PANI	5	0.76	685	A densidade de potência da célula de biocombustível diminuiu cerca de 21% após um mês	[228]
RADC-TTF/GOx/	RADC-ABTS/BO	200	0.64	1010	Apresenta uma retenção de 98%	Este trabal

GA	D/GA		da densidade de potência após 16,67 h de funcionamento contínuo com impulsos de corrente de 0,5 mA cm^{-2} durante 1s.	ho

Capítulo 5 : Construção de um aptasensor eletroquímico funcionalizado com carbono poroso derivado do piche para a deteção sensível do cloranfenicol

O cloranfenicol (CAP) é amplamente utilizado na medicina humana e veterinária, mas tem efeitos secundários nocivos para a saúde humana/animal e riscos ecológicos. Os métodos actuais de deteção do CAP são geralmente dispendiosos, complexos e demorados. Neste caso, é construído um sensor eletroquímico simples, de baixo custo e altamente eficaz para a deteção de CAP, utilizando carbono poroso derivado de breu racionalmente concebido (PPC) como meio condutor. A modificação do PPC no elétrodo de carbono vítreo é adoptada para realizar a amplificação do sinal eletroquímico e, em seguida, os aptâmeros com carga negativa são introduzidos no elétrodo funcionalizado com PPC para atrair o CAP carregado positivamente e para aumentar a hidrofilicidade do elétrodo modificado. O desempenho eletroquímico do sensor fabricado é investigado utilizando voltametria cíclica e voltametria de impulsos diferenciais, mostrando uma rápida mudança de corrente e uma elevada seletividade para a deteção de CAP, e exibindo um excelente desempenho de deteção com uma vasta gama linear de 1,0-500 μM e um baixo limite de deteção de 0,1 μM . Além disso, o sensor também apresenta uma excelente repetibilidade (RSD=4,1%), reprodutibilidade (RSD=5,0%) , estabilidade (RSD=8,3%) e elevada seletividade. Além disso, o sensor construído é capaz de detetar com precisão o CAP em amostras reais de água com recuperações de 93,0% a 102,8% e desvios-padrão relativos inferiores a 4,5%.

5.1 INTRODUÇÃO

A utilização irracional de antibióticos é um desafio comum a todos os países para combater a resistência aos antibióticos[229-233] . O cloranfenicol (CAP) é um derivado do nitrobenzeno que é eficaz contra diversas bactérias Gram-positivas e Gram-negativas . [234]O CAP é amplamente utilizado na medicina humana e veterinária para tratar e prevenir doenças infecciosas, devido à sua acessibilidade, ao seu baixo custo e à sua elevada eficácia contra infecções[235-237] . No entanto, o CAP tem um efeito secundário nocivo para a saúde humana/animal e riscos ecológicos[238] . Além disso, a acumulação de resíduos de PAC em produtos alimentares de origem animal constitui uma ameaça grave para a saúde humana e está associada ao aumento da resistência microbiana aos antibióticos[239-241] . Por este motivo, foram estabelecidos limites máximos de resíduos de PAC em produtos aquáticos e alimentos para animais[242]. Na China, o CAP não deve ser detectado em produtos animais e o limite de deteção é de 0,3 μg kg.$^{-1}$ [243]

Os métodos actuais de deteção do CAP incluem a cromatografia[244-247], a dispersão Raman melhorada pela superfície[248], a quimioluminescência[249] e a fluorescência[250]. No entanto, as estratégias de deteção supramencionadas são frequentemente dispendiosas, complexas e morosas, necessitando de operadores profissionais[251-253]. Por conseguinte, continua a ser imperativo desenvolver um método analítico rápido, sensível e de elevada eficiência para a deteção de CAP em produtos alimentares, preparações farmacêuticas e ambiente aquático. O método eletroquímico caracteriza-se pelo seu baixo custo, portabilidade, velocidade de deteção rápida, funcionamento simples e baixa poluição secundária[254-257]. O CAP é uma substância electroactiva, capaz de produzir um sinal eletroquímico no elétrodo de carbono vítreo (GCE). No entanto, a aplicação posterior na construção de sensores electroquímicos de CAP é limitada devido à baixa intensidade de corrente e à fraca resposta específica. A fim de melhorar a seletividade, a sensibilidade e a detetabilidade, é necessário modificar quimicamente o GCE com materiais electroactivos adequados. As técnicas de deteção eletroquímica baseadas em aptâmeros e eléctrodos quimicamente modificados têm sido amplamente exploradas para a deteção de PAC[258-260]. Os aptâmeros são ADN ou ARN sintéticos de cadeia simples com uma estrutura 3D única, que lhes permite ligar-se à molécula alvo com elevada afinidade. O aptâmero de ácido nucleico é conhecido como o "anticorpo químico"[261]. Em comparação com os anticorpos, os aptâmeros têm uma série de excelentes propriedades tais como a facilidade de preparação e modificação, a seleção através do processo SELEX (evolução sistemática de ligandos por enriquecimento exponencial), a elevada estabilidade e a capacidade de reconhecimento específico. Com base nas propriedades acima referidas, os aptâmeros são considerados componentes de reconhecimento ideais nos domínios da medicina e da análise ambiental. [262]

Os nanomateriais, como o grafeno[263,264], as nanopartículas de ouro [265], o óxido de grafeno reduzido dopado com N[266], a grafite lápis[267,268] e os nanotubos de carbono[269,270], são materiais electroactivos promissores no domínio dos sensores electroquímicos devido à sua boa condutividade eléctrica, excelente estabilidade estrutural e elevada área de superfície específica [271-274]. No entanto, o seu custo é geralmente elevado e os procedimentos de preparação são complexos, o que dificulta a sua aplicação prática em sensores electroquímicos. Nos últimos anos, os materiais de carbono poroso têm sido amplamente utilizados nos domínios dos sensores electroquímicos devido aos seus méritos de fonte abundante de carbono, estrutura porosa ajustável e baixo custo de produção[275, 276] . Por exemplo, Komarneni et al. prepararam esferas tridimensionais de carbono poroso derivadas do sumo de cana-de-açúcar através do processo de carbonização[277] . O sensor GCE modificado apresentou uma vasta gama linear (0,01-10 μM) e limites de deteção relativamente baixos (5,87 nM) para a determinação de MP. Zhao et al. sintetizaram nanofolhas de carbono poroso do tipo morning glory através de uma estratégia de síntese sem modelo com citrato de sódio como fonte de carbono[278] . O sensor fabricado mostrou uma propriedade de deteção de MP altamente sensível com um limite de deteção baixo de 10,7 nM (0,1-15 μM).

O breu é um subproduto da destilação do petróleo ou da coquefacção do carvão e é considerado um excelente precursor de carbono para sintetizar materiais de carbono de elevado valor acrescentado devido ao seu elevado teor de carbono [279] . O piche é constituído por núcleos aromáticos (*sp*^{2} carbono) e cadeias laterais (*sp* periférico^3 carbono), que tendem a formar folhas de carbono empilhadas quase paralelas durante o recozimento e são capazes de grafitizar a altas temperaturas. Além disso, o piche é uma matéria-prima potencialmente reciclável quando é escavado de uma superfície rodoviária residual. Os materiais de carbono derivados do piche, como o carbono mesoporoso rico em arestas[280] , as nanofolhas de carbono[281] e as espumas de carbono[282] têm sido utilizados nos domínios da adsorção de gases, da electrocatálise e dos supercapacitores, etc. No entanto, poucos esforços têm sido dedicados ao desenvolvimento da utilização de carbono poroso derivado do piche (PPC) no domínio dos sensores electroquímicos.

Neste trabalho, desenvolvemos um sensor eletroquímico PPC@aptamers simples e eficaz para a deteção de CAP. Neste trabalho, o PPC é preparado através de uma estratégia conveniente de catálise e pirólise, que é depois revestida na superfície do GCE. Os testes electroquímicos revelam que a área electroactiva do GCE modificado é significativamente melhorada, e a intensidade do sinal eletroquímico dos sensores electroquímicos construídos é também melhorada. Posteriormente, o aptâmero CAP é revestido na superfície do PPC/GCE para montar um aptasensor CAP eletroquímico, que mostra uma relação linear entre a intensidade da resposta eletroquímica e a concentração de CAP. Com a adição de aptâmeros CAP, o sensor eletroquímico pode produzir uma ação de elevada afinidade e reconhecimento específico para CAP, tal como caracterizado por voltametria cíclica (CV) e voltametria de impulsos diferenciais (DPV). Finalmente, o sensor eletroquímico construído é capaz de detetar CAP em água da torneira com elevada recuperação e baixo desvio padrão relativo, demonstrando a sua praticabilidade em amostras reais.

5.2 SECÇÃO EXPERIMENTAL

5.2.1 Produtos químicos

Todos os reagentes experimentais eram de grau analítico sem purificação adicional. O aptâmero sintético de oligonucleótidos anti-CAP 5′-ACTTCAGTGAGTTGT CCCACGGTCGGCGAGTCGTGTGTAG-3′ foi adquirido à Sangon Biotechnology (Xangai, China) Co. Ltd. O piche foi adquirido à Mitsubishi Chemical Corporation. A solução de Nafion 117 (5%) foi adquirida à Suzhou Shengernuo Technology Co., LTD. O pó de CAP foi adquirido à Aladdin (Shanghai, China) Ltd. O cloreto de potássio (KCl), o hidrogenofosfato de sódio ($Na\ HPO_{24}$), o di-hidrogenofosfato de sódio ($NaH_2\ PO_4$), o ferricianeto de potássio ($K_3\ FeCN_6$), o ferrocianeto de potássio ($K_4\ FeCN_6$) e o $H_3\ PO_4$ (85%) foram fornecidos pela Macklin Biochemical Technology (Shanghai, China) Co., Ltd.

5.2.2. Preparação do PPC

O PPC foi sintetizado e utilizado como material de elétrodo para o sistema de deteção. O piche (1,0 g) e o $Fe\ O_{23}$ (2,0 g) foram dispersos numa solução de álcool etílico para obter uma mistura homogénea. A mistura resultante foi completamente triturada e seca a 60 °C. Depois disso, a mistura obtida foi aquecida a 1200 °C (5 °C min^{-1}) sob atmosfera de N_2 e mantida a 1200 °C durante 2 h. Após arrefecimento, o produto foi gravado com 3 M HNO_3 a 60 °C durante 12 h e cuidadosamente lavado com água desionizada. O PPC foi obtido após secagem a 60 °C. Para efeitos de comparação, o PC foi sintetizado de acordo com o procedimento semelhante do PPC na ausência de $Fe\ O_{23}$.

5.2.3. Preparação dos eléctrodos de trabalho

O GCE modificado foi utilizado como elétrodo de trabalho. Antes da modificação, o GCE foi pré-tratado para formar uma superfície espelhada. Resumidamente, o GCE foi polido sequencialmente com pó de alumina (1,0 μm e 0,05 μm), que foi então enxaguado ultrassonicamente com etanol, água desionizada por 15 s, respetivamente. Após a secagem, 5,0 μL de PPC (10 mg mL^{-1} em dimetilformamida) foram colocados no GCE pré-tratado. A albumina é utilizada para bloquear qualquer superfície disponível de PPC antes da incubação do analito. Por fim, o aptâmero anti-CAP foi montado na superfície do GCE/PPC.

5.2.4. Preparação de amostras reais

A viabilidade do método foi verificada através da análise do CAP em amostras de água reais. A água da torneira foi recolhida no Instituto de Ciência e Tecnologia de Hunan (Yueyang, China). A água do lago foi recolhida no Lago Sul (Yueyang, China). As amostras de água real foram primeiramente filtradas através de uma membrana filtrante com um diâmetro de poro de 0,22 μm para remover impurezas. Foram determinados os teores iniciais de CAP na água da torneira e na água do lago pré-processadas. Em seguida, o pó de CAP, pesado com exatidão, foi dissolvido nas amostras de água real pré-processadas, que foram diluídas em amostras de água real contaminadas com CAP utilizando uma solução tampão de fosfato 0,1 M (PBS, pH 7,0). As concentrações finais de CAP foram então medidas utilizando um método de adição padrão.

5.2.5. Medições electroquímicas

As medições electroquímicas nas experiências foram investigadas utilizando uma estação de trabalho eletroquímica CHI660E. Foi utilizado um sistema convencional de três eléctrodos constituído por um elétrodo de referência Ag/AgCl, um elétrodo de trabalho GCE nu ou modificado e um contra-elétrodo de fio de platina. A CV e a DPV foram efectuadas em KCl 0,1 M contendo 5 mM $[Fe(CN)]_6^{3-/4-}$ na gama de potencial de -0,2~0,6 V vs. Ag/AgCl. O EIS foi efectuado na gama de frequências de 100 kHz~0,01 Hz com uma amplitude de 5 mV no potencial de circuito aberto. Todos os testes foram efectuados à temperatura ambiente.

5.2.6. Caracterização dos materiais

A morfologia das amostras foi caracterizada por um microscópio eletrónico de varrimento (SEM) Sigma 300 (Carl Zeiss, Alemanha). As imagens do microscópio eletrónico de transmissão (TEM) foram obtidas utilizando um microscópio eletrónico de transmissão JEM 2100F. Os padrões de difração de raios X em pó (XRD) foram recolhidos num difratómetro de raios X Ultima IV (Rigaku) utilizando radiação Cu $K\alpha$. A espetroscopia de fotoelectrões de raios X (XPS) foi registada num instrumento Thermo ESCALAB 250XI utilizando uma fonte de raios X Al $K\alpha$ a uma potência de 250 W. Os espectros Raman das amostras foram realizados no LabRam HR Evolution (HORIBA) com um laser de 532 nm.

5.3 RESULTADOS E DISCUSSÃO

5.3.1. Mecanismo de deteção

O aptasensor foi construído revestindo a superfície do GCE com aptâmero anti-CAP e PPC. O aptâmero contém uma sequência de 39 bases e liga-se especificamente ao CAP com elevada afinidade. O PPC é utilizado como material de elétrodo para a sonda de captura eletroquímica para amplificar a alteração da corrente de pico após a ligação do CAP. Como se mostra na Fig. 5-1 , o aptâmero anti-CAP imobilizado no PPC apresenta uma estrutura estável e livre na superfície do GCE, o que pode resultar num sinal de corrente significativamente detetável sem CAP. Na presença de moléculas de CAP, o Apt/PPC/GCE pode adsorver seletivamente CAP, o complexo APT/CAP bloqueia a transferência de electrões, produzindo assim uma diminuição do sinal detetável . A variação relativa da corrente (ΔI) é definida como o sinal de resposta da deteção, conforme descrito na Eq. (1).

$\Delta I = I - I_0$ (1)

em que ΔI é a variação relativa da corrente, I_0 e I representam o valor da corrente de pico antes e depois do tratamento com CAP, respetivamente. O mecanismo de deteção é que, como materiais de elétrodo, o PPC pode ser utilizado para promover a transferência de electrões entre as espécies electroactivas e o elétrodo e pode amplificar a alteração da corrente de pico após a ligação do CAP. Por outro lado, o aptâmero anti-CAP imobilizado no PPC apresenta uma estrutura estável e livre, devido ao facto de poderem aumentar a quantidade de carga das biomoléculas e, em seguida, amplificar a resposta de corrente.

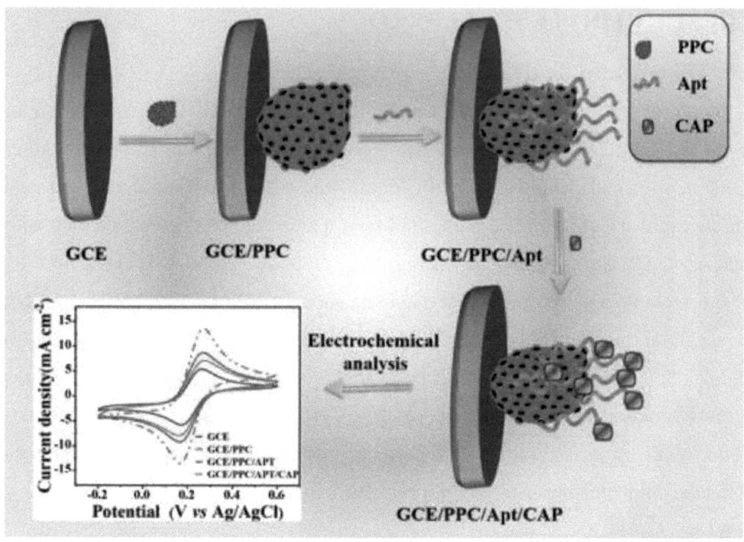

Fig. 5-1. O mecanismo de deteção do sensor de aptâmero eletroquímico proposto.

5.3.2. Caracterização dos materiais sintetizados

As caraterísticas morfológicas do PC e do PPC foram primeiro caracterizadas por SEM. Como se pode ver em Fig. 5-2a , o PC apresenta uma morfologia de camadas empilhadas com uma superfície lisa. A imagem TEM na Fig. 5-2b revela que o PC tem uma estrutura semelhante a uma folha e não se observam poros óbvios. A partir da imagem TEM de alta resolução (HRTEM) (Fig. 5-2c), são detectadas franjas de rede ordenadas de longo alcance com *espaçamento d* de 0,34 nm, indicando um bom grau de grafitização do PC. A morfologia do PPC é totalmente diferente depois de ser catalisada por Fe O_{23} . Como se mostra na Fig. 5-2d, o PPC apresenta uma estrutura porosa típica com uma superfície rugosa, e podem ser detectados poros abundantes na imagem TEM (Fig. 5-2e). A estrutura porosa pode ser causada pela gravação a alta temperatura do carbono por Fe O_{23} durante o processo de recozimento. O elevado grau de rugosidade e a estrutura porosa do PPC podem aumentar a carga de massa do aptâmero, o que é benéfico para aumentar o sinal de deteção. A microestrutura do PPC foi investigada por HRTEM. Como se mostra na Fig. 5-2f, é detectada uma grande quantidade de domínios grafíticos ordenados de curto alcance com *um espaçamento d* de 0,41 nm. Nomeadamente, o PPC apresenta um *espaçamento d* superior de 0,41 nm ao do PC (0,34 nm), indicando um baixo grau de grafitização do PPC. A estrutura única e o carácter poroso do PPC podem ser atribuídos ao crescimento catalítico in-situ de domínios grafíticos pelas espécies de Fe formadas na redução carbotérmica de Fe O_{23} durante o processo de recozimento.

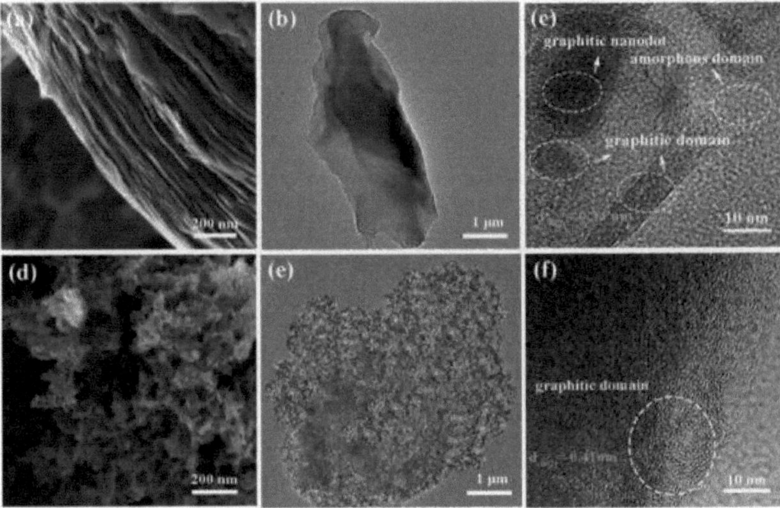

Fig. 5-2. (a) SEM, (b) TEM, e (c) imagens HRTEM de PC. (d) SEM, (e) TEM, e (f) imagens HRTEM PPC

Os padrões de XRD do PC e do PPC são apresentados na Fig. 5-3a. Pode ver-se que o PC apresenta um forte pico de difração caraterístico a $2\theta = 25{,}52°$ pertencente aos planos da rede (002). Quanto ao PPC, a intensidade do pico correspondente é significativamente reduzida, o que implica um baixo grau de grafitização do PPC, o que é consistente com o resultado do HRTEM. A espetroscopia Raman foi efectuada para caraterizar melhor a estrutura das amostras de PC e PPC. Como ilustrado na Fig. 5-3b, são detectados dois sinais Raman a 1344 cm^{-1} e 1582 cm^{-1} , correspondentes à banda D e à banda G da estrutura de carbono, respetivamente. A banda D está relacionada com os defeitos estruturais internos, enquanto a banda G reflecte a disposição ordenada dos átomos de carbono sp^2 na estrutura da grafite[283, 284] . Em geral, o grau de defeito dos materiais de carbono pode ser revelado a partir do rácio de intensidade da banda D para a banda G (I_D/I_G). Nomeadamente, os valores I_D/I_G para PC e PPC são 1,08 e 1,23, respetivamente. Os resultados indicam ainda que o PPC possui mais defeitos do que o PC, comprovando a variação da estrutura grafítica ordenada para uma estrutura desordenada. É de salientar que os defeitos estruturais que servem de locais activos para a adsorção de moléculas alvo são úteis para melhorar o desempenho da deteção. A composição química da superfície dos produtos foi confirmada por análise XPS. Os espectros XPS de C 1s de PC e PPC são mostrados na Fig. 5-3c, que podem ser ajustados por quatro picos a 284,6, 285,3, 286,6 e 288,8 eV, correspondentes a sp^2 (C=C), sp^3 (C-C), C=O e O=C-O, respetivamente[285, 286] . Os espectros XPS O 1s do PC e do PPC podem ser deconvoluídos em três picos a 530,8, 532,0 e 533,1 eV (Fig. 5-3d), que podem ser atribuídos ao grupo carboxilo (COO^-), ao hidroxilo (C-OH) e ao carbonilo (C=O), e aos ácidos carboxílicos (O=C-O), respetivamente[287] . Estes grupos funcionais contendo oxigénio podem ser utilizados como sítios activos para adsorver o aptâmero, beneficiando assim o desempenho de deteção do PPC.

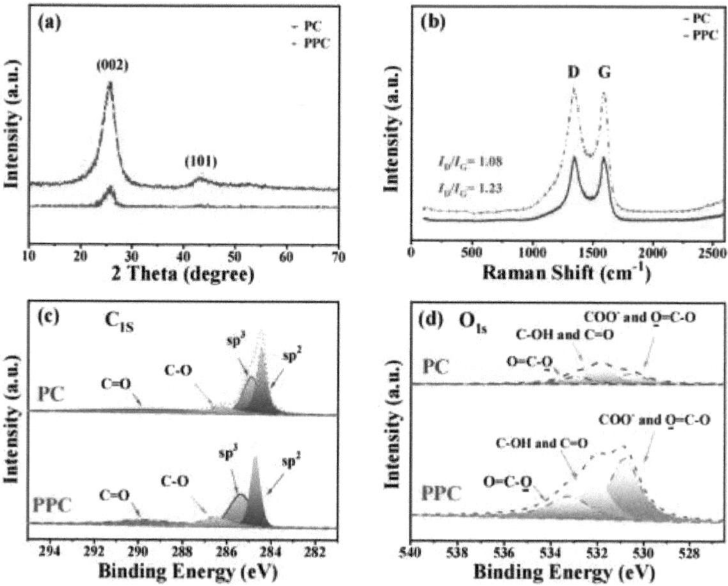

Fig. 5-3. (a) Padrões XRD e (b) espectros Raman de PC e PPC. (c) Espectros XPS de C 1s e (d) O 1s de PC e PPC.

5.3.3. Eletroquímica caraterísticas dos eléctrodos de trabalho

O desempenho eletroquímico do GCE antes e depois da modificação foi investigado utilizando CV e DPV. Como se mostra na Fig. 5-4a, os quatro eléctrodos mostram picos redox claramente definidos que correspondem à resposta redox do rótulo redox $[Fe(CN)]_6^{3-/4-}$. A densidade de corrente de pico do GCE nu é de 5,42 mA cm^{-2} . Após a modificação do PPC, a densidade de corrente de pico do PPC/GCE aumenta significativamente, o que pode ser atribuído à área electroactiva melhorada. Quando a superfície do PPC/GCE é combinada com o aptâmero, a densidade de corrente de pico diminui significativamente, indicando que os aptâmeros podem inibir a reação redox do $[Fe(CN)]_6^{3-/4-}$ na superfície do elétrodo. Após incubação com CAP, a resposta de corrente do elétrodo modificado APt/PPC/GCE diminui significativamente, o que pode dever-se à formação de complexos CAP/ A pt que dificultam a difusão de $[Fe(CN)]_6^{3-/4-}$ para a superfície do elétrodo e diminuem o sítio ativo. Os resultados mostram que o Apt/PPC/GCE tem uma boa afinidade com o CAP e pode ser utilizado para a determinação quantitativa do CAP. Foram ainda efectuadas medições DPV do GCE nu e modificado. Como se mostra na Fig. 5-4b, a resposta de corrente de pico do GCE nu é de 143 μA. Em contrapartida, quando o PPC é modificado no GCE, as respostas actuais do PPC/GCE são muito superiores às do GCE nu . Quando a superfície do PPC/GCE é ainda modificada com aptâmero, a resposta atual diminui obviamente. Os resultados DPV são consistentes com os CV, demonstrando que a modificação do PPC e do aptâmero na superfície do GCE tem uma boa capacidade para co-amplificar o sinal eletroquímico, mostrando assim uma corrente de pico mais elevada do que a do GCE simples. O comportamento de transferência de carga dos cléctrodos foi investigado utilizando medições EIS. Como se mostra na Fig. 5-4c, o GCE nu apresenta um semicírculo aparente na região de alta frequência com uma linha inclinada na região de baixa frequência. A primeira representa a resistência à transferência de carga na interface elétrodo/eletrólito e a segunda está relacionada com a difusão dos iões do eletrólito. Após a modificação com PPC e APt, não se detectam semicírculos óbvios nos gráficos de Nyquist de PPC/GCE e Apt/PPC/GCE, o que implica um comportamento capacitivo. Além disso, a cinética de difusão iónica pode ser reflectida na relação entre Z' e a frequência angular (dada por $=2\omega\pi$ f). Como se mostra na Fig. 5-4d, o GCE nu apresenta um declive baixo entre os eléctrodos, indicando uma cinética de difusão iónica rápida. Por conseguinte, a espessura da película de PPC afectaria a capacidade de transferência de electrões do CAP, o que, em última análise, influencia a sensibilidade da deteção.

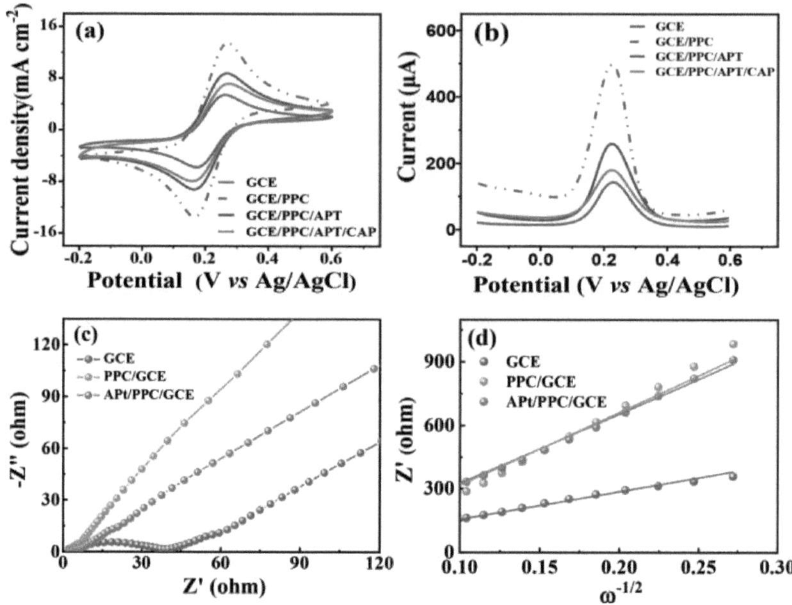

Fig. 5-4. (a) Medições CV e (b) DPV de GCE simples, PPC/GCE, Apt/PPC/GCE e Apt/PPC/GCE após adsorção de CAP (CAP/Apt/PPC/GCE). (c) Gráficos de Nyquist e (d) a relação entre Z' e a frequência angular (dada por =2ωπ f) para as curvas GCE, PPC/GCE, Apt/PPC/GCE, CV e DPV dos eléctrodos modificados em KCl 0,1 M contendo 5 mM [Fe(CN) $]_6^{3-/4-}$ a 50 mV s $^{-1}$

5.3.4. Otimização do desempenho eletroquímico

As condições experimentais optimizadas são apresentadas na Fig. 5-5. Em primeiro lugar, o volume e a concentração do material modificado na superfície do elétrodo são optimizados. Como se mostra na Fig. 5-5a, quando a carga em massa de PPC é de 8,0 mg mL^{-1} , a corrente atinge o valor máximo. Por conseguinte, 8 mg mL^{-1} é a concentração óptima. Além disso, quando 6 μL de suspensão de PPC são largados (Fig. 5-5b) , o valor de corrente de pico é o maior. O valor do pH do eletrólito de suporte é um fator importante na determinação do desempenho do sensor. Como se pode ver na Fig. 5-5c, a corrente de pico aumenta com o aumento do pH e atinge o valor de corrente mais elevado a pH = 7,0. Note-se que a corrente de pico diminui significativamente quando o valor do pH aumenta ainda mais. Por conseguinte, o pH 7,0 é a condição experimental óptima. O processo de ligação entre os sítios específicos de Apt/PPC/GCE e o CAP ocorre durante o processo de incubação. Por conseguinte, o tempo de incubação tem um efeito significativo no processo de ligação, afectando o carácter da superfície do elétrodo funcionalizado. Como se mostra na Fig. 5-5d, o valor da corrente de pico diminui no intervalo de tempo de incubação de 5-15 min e torna-se estável após 15 min, indicando que a adsorção saturada é alcançada após 15 min de incubação. Por conseguinte, o tempo de 15 minutos é escolhido como ótimo para as experiências seguintes.

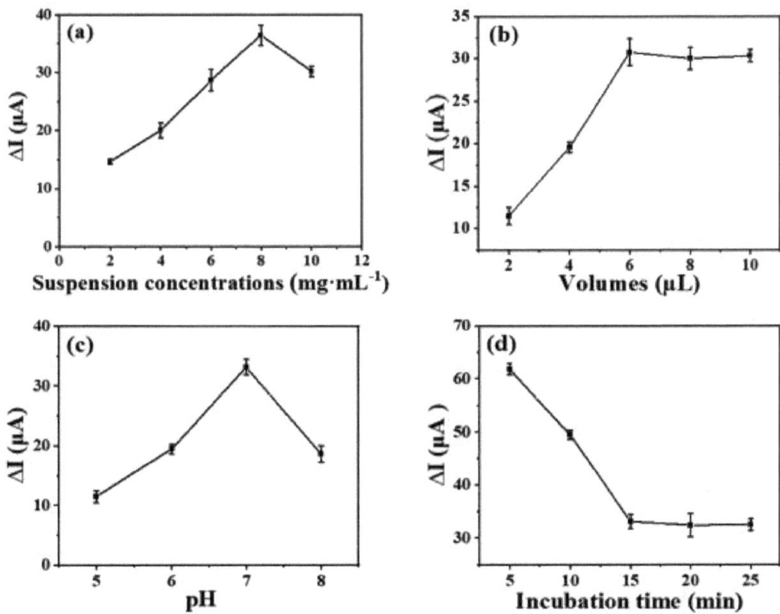

Fig. 5-5. A otimização das condições experimentais. (a) Concentração da suspensão de PPC, (b) dosagem da suspensão de PPC, (c) valor de pH do eletrólito de suporte e (d) tempo de incubação de Apt/PPC/GCE para absorção de CAP.

5.3.5. Determinação do CAP

A resposta eletroquímica do Apt/PPC/GCE a várias concentrações de CAP foi examinada por DPV nas condições experimentais ideais. A Fig. 5-6a revela que a corrente de pico do Apt/PPC/GCE diminui gradualmente com o aumento das concentrações de CAP. Existe uma boa relação linear entre as correntes de pico e as concentrações de CAP na gama de 1-500 μM . A Fig. 5-6b mostra que a equação de regressão linear do sensor CAP é ΔI (μA) = 0. 40 (μM) - 0,56 (R^2 = 0,99) . O limite de deteção (LOD, S/N = 3) do sensor para a deteção de CAP é de 0,1 µM. O quadro 5-1 resume as caraterísticas de diferentes métodos electroquímicos para a deteção de CAP. Em comparação com os sensores anteriormente referidos, o elétrodo modificado neste estudo apresenta uma sensibilidade significativamente mais elevada, um LOD mais baixo e uma gama linear de deteção mais ampla. O desempenho favorável do aptasensor construído pode ser atribuído à estrutura única e ao carácter poroso do PPC, que pode promover a transferência de electrões entre as espécies electroactivas e o elétrodo, aumentar a quantidade de carga das biomoléculas e amplificar a alteração da corrente de pico após a ligação do CAP.

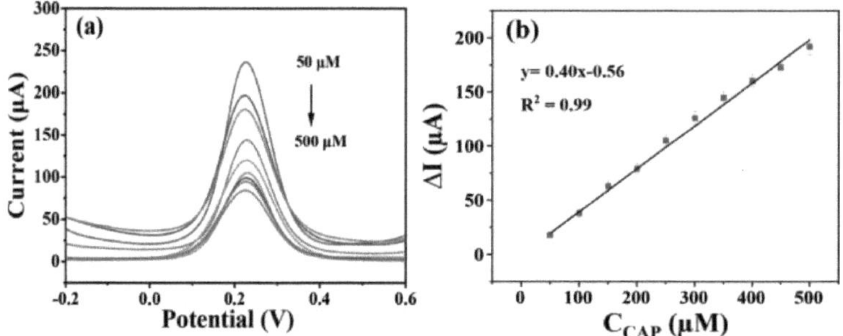

Fig. 5-6. (a) Respostas DPV de Apt/PPC/GCE em PBS 0,1 M (pH 7,0) contendo diferentes concentrações de CAP. (b) Relação linear entre o *ΔI* e as concentrações de CAP.

Tabela 5-1 Comparação do desempenho do Apt/PPC/GCE com outros eléctrodos modificados.

Eléctrodos	M étodos	Gama linear (µM)	LOD (µM)	R ef.
rGO@PDA@AuNPs/G CE	DPV	0,1 -100	0.058	[288]
Au NPs/N-G/GCE	LSV	2-80	0.59	[289]
CNTs 3D@Cu NPs/GCE	CV	10-500	10	[290]
Fe O /GCE$_{34}$	SWV	0,09 - 47	0.09	[291]
Apt/PPC/GCE	**DPV**	**1.0-500**	**0.1**	**Este trabal ho**

5.3.6. Seletividade, repetibilidade , reprodutibilidade e estabilidade dos sensores

A seletividade do elétrodo foi investigada por DPV. Como se mostra na Fig. 5-7a, o aptasensor foi incubado com CAP (200 μM) e outros agentes de interferência, incluindo três análogos estruturais, ampicilina (Amp), canamicina (Kan) e tianfenicol (Thi) e outras substâncias, como o ácido ascórbico (Vc) e a glucose (Glu). Verifica-se que o Apt/PPC/GCE, após a adsorção de CAP, apresenta uma maior alteração da corrente de pico (ΔI) do que a de outras substâncias interferentes. Os resultados indicam que o Apt/PPC/GCE pode adsorver especificamente o CAP, mas quase não apresenta capacidade de adsorção para as outras substâncias interferentes. Além disso, a repetibilidade, a reprodutibilidade e a estabilidade dos aptasensores foram examinadas por DPV. O Apt/PPC/GCE é repetido cinco vezes (Fig. 5-7b) e o desvio padrão relativo (RSD) é de 4,1%, o que indica uma boa repetibilidade. A reprodutibilidade é examinada com cinco aptasensores Apt/PPC/GCE que são utilizados para 3 repetições (Fig. 5-7c). O RSD é de 5,0%. Os resultados experimentais mostram que os aptasensores Apt/PPC/GCE construídos têm uma boa reprodutibilidadc. A cstabilidade dos aptasensores é também estudada num período de 7 dias. Após armazenamento a 4 °C durante 7 dias, o aptasensor Apt/PPC/GCE é utilizado para detetar o mesmo CAP (200 μM). A corrente de pico diminui ligeiramente com o aumento do tempo de armazenamento, e a resposta atual muda apenas 8,3% após 7 dias (Fig. 5-7d), indicando que o aptasensor tem uma elevada estabilidade.

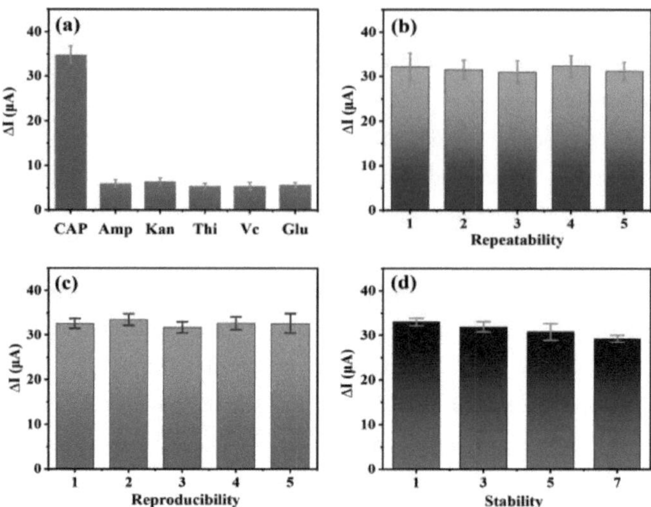

Fig. 5-7. (a) Seletividade do aptasensor para diferentes compostos. (b) Repetibilidade, (c) reprodutibilidade, (d) estabilidade do aptasensor Apt/PPC/GCE.

5.3.7. Determinação do cloranfenicol em amostras de água da torneira

A aplicação prática do aptasensor Apt/PPC/GCE em amostras reais foi avaliada em água de lago e água da torneira, respetivamente, e os resultados são apresentados no Quadro 5-2. As recuperações variam de 93,0% a 102,8% e o RSD varia de 2,1% a 4,5%. Os resultados indicam que o aptasensor Apt/PPC/GCE construído tem boa fiabilidade e precisão e é adequado para a determinação quantitativa de CAP em amostras reais.

Quadro 5-2 Resultados da recuperação de CAP em amostras de água do lago e de água da torneira utilizando Apt/PPC/GCE (n= 3).

Amostras	Nível adicionado (μM)	Nível encontrado (μM)	Recuperação (%)	RSD (%)
Água do lago	50.0	47.1	94.2	3.2
	100.0	96.4	96.4	2.8
	200.0	205.7	102.8	2.1

Água da torneira	50.0	46.5	93.0	4.5
	100.0	96.1	96.1	3.7
	200.0	194.5	97.3	4.2

5.4 CONCLUSÃO

Neste trabalho, foi desenvolvido com êxito um aptasensor eletroquímico para a determinação quantitativa de CAP em amostras reais, ligando um aptâmero anti-CAP ao GCE modificado com PPC. O PPC serve de meio condutor entre o elétrodo e o eletrólito, aumentando a taxa de transferência de electrões, e os aptâmeros melhoram os sítios activos da superfície e a deteção específica do substrato. Nas condições experimentais ideais, o aptasensor Apt/PPC/GCE construído apresenta uma ampla gama linear (1,0-500 μM), baixo LOD (0,1 μM), boa seletividade e elevada estabilidade, que pode ser aplicada à determinação rápida de CAP em ambiente aquático real. Este trabalho fornece uma nova abordagem para a construção de um aptasensor eletroquímico para a deteção rápida de CAP, que pode ser alargada à construção de sistemas de deteção electroquímicos de elevada eficiência para a deteção de poluentes orgânicos em meio aquático.

REFERÊNCIAS

[1] A. Ramanavicius, A. Kausaite, A. Ramanaviciene, Enzymatic biofuel cell based on anode and cathode powered by ethanol, Biosens. Bioelectron. 24 (2008) 767-772.

[2] Ahmadi MH, Ghazvini M, Alhuyi Nazari M, Ahmadi MA, Pourfayaz F, Lorenzini G, Ming T. Recolha de energia renovável com a aplicação da nanotecnologia: A review. Revista Internacional de Investigação Energética. 2019 Mar 25;43(4):1387-410.

[3] Y. Yu, J. Nassar, C. Xu, J. Min, Y. Yang, A. Dai, R. Doshi, A. Huang, Y. Song, R. Gehlhar, AD Ames, W. Gao, Pele eletrónica macia movida a biocombustível com deteção multiplexada e sem fios para interfaces homem-máquina, Sci. Robot. 5 (2020) eaaz7946.

[4] Gupta S, Patro A, Mittal Y, et al. The race between classical microbial fuel cells, sediment-microbial fuel cells, plant-microbial fuel cells, and constructed wetlands-microbial fuel cells: Aplicações e nível de preparação tecnológica [J]. Science of the Total Environment, 2023, 879: 162757.

[5] Huang J, Zhang Y, Ding F, et al. Projeto racional de nanocápsulas de enzimas redox eletroativas para biossensores de alto desempenho e célula de biocombustível enzimático [J]. Biossensores e Bioelectrónica 2021, 174: 112805.

[6] Wang B, Thukral A, Xie Z, et al. Redes de nanofibras de óxido metálico flexíveis e extensíveis para eletrónica vestível multimodal e monoliticamente integrada [J]. Nature Communications, 2020, 11(1): 2405.

[7] M.J. Cooney, V. Svoboda, C. Lau, G. Martin, S.D. Minteer, Enzyme catalysed biofuel cells, Energy Environ. Sci. 1 (2008) 320-337.

[8] J.A. Cracknell, K.A. Vincent, F.A. Armstrong, Enzymes as working or inspirational electrocatalysts for fuel cells and electrolysis, Chem. Rev. 108 (2008) 2439-2461.

[9] L. Zhang, M. Zhou, D. Wen, L. Bai, B. Lou, S. Dong, Small-size biofuel cell on paper, Biosens. Bioelectron. 35 (2012) 155-159.

[10] Xing F, Bi Z, Su F, et al. Desvendar os princípios de conceção dos dispositivos híbridos bateria-supercapacitor: Dos mecanismos fundamentais à engenharia de microestrutura e perspectivas desafiadoras [J]. Materiais de Energia Avançada, 2022, 12(26): 2200594.

[11] S. Tsujimura, K. Murata e W. Akatsuka, J. Am. Chem. Soc., 2014, 136,

14432-14437.

[12] N. Mano e A. de Poulpiquet, Chem. Rev., 2017, 118, 2392-2468.

[13] Gellett, W.; Kesmez, M.; Schumacher, J.; Akers, N.; Minteer, S.D. Biofuel Cells for Portable Power. Electroanalysis 2010, 22, 727-731.

[14] Cracknell, J. A.; Vincent, K. A.; Armstrong, F. A. Enzymes as Working or Inspirational Electrocatalysts for Fuel Cells and Electrolysis. Chem. Rev. 2008, 108, 2439-2461.

[15] Leech, D.; Kavanagh, P.; Schuhmann, W. Enzymatic Fuel Cells: Recent Progress. Electrochim. Ata 2012, 84, 223-234.

[16] Willner, I.; Yan, Y. M.; Willner, B.; Tel-Vered, R. Integrated Enzyme-Based Biofuel Cells-A Review. Fuel Cells 2009, 9, 7-24.

[17] Giroud, F.; Hickey, D. P.; Schmidtke, D. W.; Glatzhofer, D. T.; Minteer, S. D. A Monosaccharide-Based Coin-Cell Biobattery. ChemElectroChem 2014, 1, 1880-1885.

[18] S. Cosnier, A. J. Gross, A. Le Goff e M. Holzinger, J. Power Sources, 2016, 325, 252-263.

[19] Potter MC. Efeitos eléctricos que acompanham a decomposição de compostos orgânicos. Actas da Sociedade Real de Londres. Série b, contendo artigos de carácter biológico. 1911 Sep 14;84(571):260-76.

[20] A. T. Yahiro, S. M. Lee e D. O. Kimble, Biochim. Biophys. Ata, 1964, 88, 375.

[21] Berezin IV, Bogdanovskaia VA, Varfolomeev SD, Tarasevich MR, Iaropolov AI. Bioelectrocatálise - potencial de oxigénio de equilíbrio na presença de lacase. Doklady Akademii Nauk SSSR. 1978 Jan 1;240(3):615-8.

[22] Cass AE, Davis G, Francis GD, Hill HA, Aston WJ, Higgins IJ, Plotkin EV, Scott LD, Turner AP. Elétrodo enzimático mediado por ferroceno para determinação amperométrica de glucose. Analytical chemistry. 1984 Apr 1;56(4):667-71.

[23] Wang, Z.G., Wan, L.S., Liu, Z.M., Huang, X.J. e Xu, Z.K., 2009. Imobilização de enzimas em nanofibras de polímero electrospun: Uma visão geral. Journal of Molecular Catalysis B: Enzymatic, 56(4), pp.189-195.

[24] Bhambhani, A., Chah, S., Hvastkovs, E.G., Jensen, G.C., Rusling, J.F., Zare, R.N. e Kumar, C.V., 2008. Controlo de dobragem e energia livre de desdobramento do iso-1-citocromo c de levedura ligado a materiais de fosfato de zircónio em camadas monitorizados por ressonância plasmónica de superfície. The Journal of Physical Chemistry B, 112(30), pp.9201-9208.

[25] Kamitaka, Y., Tsujimura, S., Kataoka, K., Sakurai, T., Ikeda, T. e Kano, K., 2007. Effects of axial ligand mutation of the type I copper site in bilirubin oxidase on direct electron transfer-type bioelectrocatalytic reduction of dioxygen. Journal of Electroanalytical Chemistry, 601(1-2), pp.119-124.

[26] Katz, E., Lioubashevski, O. e Willner, I., 2004. Efeitos do campo magnético nas transformações bioelectrocatalíticas mediadas pelo citocromo c. Journal of the American Chemical Society, 126(35), pp.11088-11092.

[27] Zhang, X.C., Ranta, A. e Halme, A., 2006. Diret methanol biocatalytic fuel cell-Considerations of restraints on electron transfer. Biosensors and bioelectronics, 21(11), pp.2052-2057.

[28] Szczupak, A., Halámek, J., Halámková, L., Bocharova, V., Alfonta, L. e Katz, E., 2012. Células vivas de bateria-biocombustível operando in vivo em moluscos. Energy & Environmental Science, 5(10), pp.8891-8895.

[29] Halámková, L., Halámek, J., Bocharova, V., Szczupak, A., Alfonta, L. e Katz, E., 2012. Célula de biocombustível implantada operando em um caracol vivo. Jornal da Sociedade Americana de Química, 134(11), pp.5040-5043.

[30] Rasmussen, M., Ritzmann, R.E., Lee, I., Pollack, A.J. e Scherson, D., 2012. Uma célula de biocombustível implantável para um inseto vivo. Jornal da Sociedade Americana de Química, 134(3), pp.1458-1460.

[31] Zebda, A., Cosnier, S., Alcaraz, J.P., Holzinger, M., Le Goff, A., Gondran, C., Boucher, F., Giroud, F., Gorgy, K., Lamraoui, H. e Cinquin, P., 2013. Células de biocombustível de glicose única implantadas em dispositivos electrónicos de energia para ratos. Relatórios científicos, 3(1), p.1516.

[32] MacVittie, K., Conlon, T. e Katz, E., 2015. Um sistema de transmissão sem fios alimentado por uma célula de biocombustível enzimático implantada numa laranja. Bioelectrochemistry, 106, pp.28-33.

[33] Cadet, M., Gounel, S., Stines-Chaumeil, C., Brilland, X., Rouhana, J., Louerat, F. e Mano, N., 2016. Uma célula enzimática de biocombustível glucose/O2 a funcionar no sangue humano. Biosensores e Bioelectrónica, 83, pp.60-67.

[34] Dector, A., Galindo-De-La-Rosa, J., Amaya-Cruz, D.M., Ortíz-Verdín, A., Guerra-Balcázar, M., Olivares-Ramírez, J.M., Arriaga, L.G. e Ledesma-García, J., 2017. Rumo a ensaios de fluxo lateral autónomos: Célula de combustível microfluídica baseada em papel dentro de um teste de HIV usando uma amostra de sangue como combustível. Jornal Internacional de Energia de Hidrogénio, 42(46), pp.27979-27986.

[35] Dector, A., Escalona-Villalpando, R.A., Dector, D., Vallejo-Becerra, V.,

Chávez-Ramírez, A.U., Arriaga, L.G. e Ledesma-García, J., 2015. Perspetiva de utilização de sangue humano direto como fonte de energia em células de combustível microfluídicas híbridas de respiração aérea. Journal of Power Sources, 288, pp.70-75.

[36] Jia, W., Valdés-Ramírez, G., Bandodkar, A.J., Windmiller, J.R. e Wang, J., 2013. Células de biocombustível epidérmico: colheita de energia da transpiração humana. Angewandte Chemie International Edition, 52(28), pp.7233-7236.

[37] Reid, R.C., Jones, S.R., Hickey, D.P., Minteer, S.D. e Gale, B.K., 2016. Modelagem da conetividade de nanotubos de carbono e atividade de superfície em uma célula de biocombustível de lente de contato. Electrochimica Ata, 203, pp.30-40.

[38] **ao, X., Siepenkoetter, T., Conghaile, P.O., Leech, D. e Magner, E., 2018. Células de biocombustível à base de ouro nanoporoso em lentes de contacto. ACS applied materials & interfaces, 10(8), pp.7107-7116.

[39] S. Cosnier, A.J. Gross, A.Le Goff, M. Holzinger, Avanços recentes em células de biocombustível enzimáticas de glicose/oxigénio e hidrogénio/oxigénio: realizações e limitações, J. Power Sources 325 (2016) 252-263.

[40] X. Xiao, H.Q. Xia, R. Wu, L. Bai, L. Yan, E. Magner, S. Cosnier, E. Lojou, Z. Zhu, A. Liu, Enfrentando os desafios das células (bio)combustíveis enzimáticas, Chem. Rev. 119 (2019) 9509-9558.

[41] E. Frackowiak, V. Khomenko, K. Jurewicz, K. Lota, F. B'eguin, Supercapacitors based on conducting polymers/nanotubes composites, J. Power Sources 153 (2006) 413-418.

[42] Y. Shao, M.F. El-Kady, J. Sun, Y. Li, Q. Zhang, M. Zhu, H. Wang, B. Dunn, R. B. Kaner, Design e mecanismos de supercapacitores assimétricos, Chem. Rev. 118 (2018) 9233-9280.

[43] C. Agn`es, M. Holzinger, A.Le Goff, B. Reuillard, K. Elouarzaki, S. Tingry, S. Cosnier, Supercapacitor / híbridos de células de biocombustível baseados em enzimas com fio em matrizes de nanotubos de carbono: recarga autônoma após pulsos de alta potência em soluções de glicose neutras tamponadas, Energy Environ. Sci. 7 (2014) 1884-1888.

[44] Zhao, P., Zhang, H., Sun, X., Hao, S. e Dong, S., 2022. Um dispositivo bioelectroquímico híbrido baseado na célula de biocombustível enzimático glucose/O2 para conversão e armazenamento de energia. Electrochimica Ata, 420, p.140440.

[45] F. Shen, D. Pankratov, G. Pankratova, M.D. Toscano, J. Zhang, J. Ulstrup, Q. Chi, L. Gorton, Dispositivo híbrido de supercapacitor/célula de biocombustível

empregando biomoléculas para conversão de energia e armazenamento de carga, Bioelectrochemistry 128 (2019) 94-99.

[46] Alsaoub S, Ruff A, Conzuelo F, et al. Um biossupercapacitor intrínseco de auto-carga composto por um bioanodo de alto potencial e um biocátodo de baixo potencial [J]. ChemPlusChem, 2017, 82(4): 576-583.

[47] Balakrishnan, G., Song, J., Mou, C. e Bettinger, C.J., 2022. Progressos recentes na química dos materiais para fazer avançar a bioelectrónica flexível na medicina. Materiais Avançados, 34(10), p.2106787.

[48] G. Schiavone, F. Fallegger, X. Kang, B. Barra, N. Vachicouras, E. Roussinova, I. Furfaro, S. Jiguet, I. Seáñez, S. Borgognon, A. Rowald, Q. Li, C. Qin, E. Bézard, J. Bloch, G. Courtine, M. Capogrosso, S. P. Lacour, Adv. Mater. 2020, 32, 1906512.

[49] F. Fallegger, G. Schiavone, S. P. Lacour, Adv. Mater. 2020, 32, 1903904.

[50] Balakrishnan G, Song J, Mou C, et al. Progressos recentes na química de materiais para o avanço da bioelectrónica flexível na medicina [J]. Materiais Avançados, 2022, 34(10): 2106787.

[51] Wang B, Dai L, Hunter L A, et al. Um hidrogel multifuncional à base de nanocelulose para aplicações de deteção de tensão e autoalimentação [J]. Polímeros de Carboidratos, 2021, 268(15): 118210.

[52] Balakrishnan G, Song J, Mou C, et al. Progressos recentes na química de materiais para o avanço da bioelectrónica flexível na medicina [J]. Materiais Avançados, 2022, 34(10): 2106787.

[53] Leger, C.; Jones, A. K.; Albracht, S. P. J.; Armstrong, F. A. Effect of a Dispersion of Interfacial Electron Transfer Rates on Steady State Catalytic Electron Transport in NiFe -Hydrogenase and Other Enzymes. J. Phys. Chem. B 2002, 106, 13058-13063.

[54] Amara U, Mahmood K, Riaz S, et al. Modificação baseada em aductos de ácido perileno-tetracarboxílico/nanotubos de carbono de paredes múltiplas da interface impressa no ecrã para uma imobilização enzimática eficiente para a biossensorização da glucose [J]. Microchemical Journal, 2021, 165: 106109.

[55] Jayapiriya U S, Goel S. Eléctrodos de pasta de carbono flexíveis e optimizados para células de biocombustível de glicose baseadas na transferência direta de electrões alimentadas por vários fluidos fisiológicos[J]. Nanociência Aplicada, 2020, 10: 4315-4324.

[56] Milton RD, Hickey DP, Abdellaoui S, Lim K, Wu F, Tan B, Minteer SD.

Conceção racional de quinonas para células de biocombustível de alta densidade de potência. Chemical science. 2015;6(8):4867-75.

[57] Yoshida A, Tsujimura S. Improved glucose oxidation catalytic current generation by an FAD-dependent glucose dehydrogenase-modified hydrogel electrode, in accordance with the Hofmeister effect. Journal of Physics: Energy. 2021 Mar 3;3(2):024005.

[58] Suzuki R, Shitanda I, Aikawa T, et al. Célula de biocombustível de glicose/oxigénio utilizável fabricada com aminoferroceno modificado e glicose desidrogenase dependente de flavina adenina dinucleótido em carbono enxertado com MgO [J]. Journal of Power Sources, 2020, 479: 228807.

[59] Li Z, Li G, Wu Z, et al. Sulfetos de cobalto / nanohíbridos de carbono: um novo biocatalisador para células de biocombustível de glicose não enzimáticas e biossensores [J]. RSC Advances 2019, 9(56): 32898-32905.

[60] L.C. Clark, C. Lyons, Electrode systems for continuous monitoring in cardiovascular surgery, Ann. N. Y. Acad. Sci. 102 (1962) 29-45.

[61] A.P.F. Turner, I. Karube, G.S. Wilson, Biosensors. Fundamentals and Applications, OUP, Oxford, 1987.

[62] W.J. Albery, P.N. Bartlett, A.E. Cass, D.H. Craston, B.G.D. Haggett, Electrochemical sensors - theory and experiment, J. Chem. Soc., Faraday Trans. 1 82 (1986)1033-1050.

[63] A.E.G. Cass, G. Davis, G.D. Francis, H.A.O. Hill, W.J. Aston, I.J. Higgins, E.V. Plotkin, L.D.L. Scott, A.P.F. Turner, elétrodo enzimático mediado por ferroceno para determinação amperométrica de glucose, Anal. Chem. 56 (1984) 667-671.

[64] H.J. Hecht, D. Schomburg, H. Kalisz, R.D. Schmid, The 3D structure of glucose oxidase from Aspergillus niger. Implicações para a utilização da GOD como enzima biossensora, Biosens. Bioelectron. 8 (1993) 197-203.

[65] Vijayakumar AR, Csöregi E, Heller A, Gorton L. Alcohol biosensors based on coupled oxidase-peroxidase systems. Anal Chim Ata.1996;327(3):223-34.

[66] Katz E, Willner I. Biomolecular architecture: routes to biosensors, bioelectronics and biofuel cells. In: Actas do Primeiro Simpósio Internacional sobre Arquitecturas e Materiais Macro- e Supramoleculares (MAM-01): Biological and Synthetic Systems, Kwangju, Coreia do Sul, 10-14 de abril de 2001, 78-81.

[67] Albers MW, Lekkala JO, Jeuken L, Canters GW, Turner AP. Conceção de novos fios moleculares para a realização de transferência de electrões a longa distância. Bioelectrochem Bioeng. 1997;42:25-33.

[68] Tsai YC, Li SC, Chen JM. Conceção de um biossensor de película fina fundida com base numa estrutura de Nafion, uma conduta de nanotubos de carbono de paredes múltiplas e uma função de glucose oxidase. Langmuir. 2005;21(8):3653-8.

[69] Vamvakaki V, Tsagaraki K, Chaniotakis N. Carbon nanofiber-based glucose biosensor. Anal Chem. 2006;78(15):5538-42.

[70] Courjean O, Gao F, Mano N. Deglycosylation of glucose oxidase for direct and efficient glucose electrooxidation on a glassy carbon electrode. Angew Chem Int Ed Engl. 2009;48(32):5897-9.

[71] Wohlfahrt G, Witt S, Hendle J, Schomburg D, Kalisz HM, Hecht HJ. Estruturas com resolução de 1,8 e 1,9 A das glucose oxidases de Penicillium amagasakiense e Aspergillus niger como base para a modelação de complexos de substrato. Ata Crystallogr D Biol Crystallogr. 1999;55(Pt 5):969-77.

[72] Komkova M A, Orlov A K, Galushin A A, et al. Ancoragem de PQQ-Glucose Desidrogenase com Azinas Electropolimerizadas para a Bioelectrocatálise Mais Eficiente [J]. Analytical Chemistry, 2021, 93(35): 12116-12121.

[73] Mate DM, Alcalde M. Laccase: a multi-purpose biocatalyst at the forefront of biotechnology. Microbial biotechnology. 2017 Nov;10(6):1457-67.□

[74] Riva S. Laccases: blue enzymes for green chemistry. TRENDS in Biotechnology. 2006 May 1;24(5):219-26.

[75] Couto SR, Herrera JL. Aplicações industriais e biotecnológicas das lacases: uma revisão. Biotechnology advances. 2006 Sep 1;24(5):500-13.

[76] Mayer, A.M., and Staples, R.C. (2002) Laccase: new functions for an old enzyme. Phytochemistry 60:551-565.

[77] Brijwani, K., Rigdon, A., e Vadlani, P.V. (2010) Fungal laccases: production, function, and applications in food processing. Enzyme Res 2010: 149748.

[78] Santhanam, N., Vivanco, J.M., Decker, S.R., e Reardon, K.F. (2011) Expression of industrially relevant laccases:prokaryotic style. Trends Biotechnol 29: 480-489.

[79] Laufer, Z., Beckett, R.P., Minibayeva, F.V., Lu€thje, S., and Bottger, M. (2009) Diversity of laccases from lichens in suborder Peltigerineae. Bryologist 112: 418-426.

[80] Li, Q., Wang, X., Korzhev, M., Schro€der, H.C., Link, T., Tahir, M.N., et al. (2015) Potencial papel biológico da lacase da esponja Suberites domuncula como componente de defesa antibacteriana. Biochim Biophys Ata 1850: 118-128.

[81] Alcalde, M. (2007) Laccases: funções biológicas, estrutura molecular e

aplicações industriais. In Industrial Enzymes. Structure, Function and Applications. Polaina, J. e MacCabe, A.P. (eds). Dordrecht: Springer, pp.461-476.

[82] Hakulinen, N., and Rouvinen, J. (2015) Three-dimensional structures of laccases. Cell Mol Life Sci 72: 857-868.

[83]Gianfreda L, Xu F, Bollag J-M. Laccases: um grupo útil de enzimas oxidorredutoras. Bioremediat J 1999;3:125.

[84]Piontek, K. et al. (2002) Crystal structure of a laccase from the fungus Trametes versicolor at 1.90 Å resolution containing a full complement of coppers. J. Biol. Chem. 277, 37663-37669.

[85] Mot, A.C., e Silaghi-Dumitrescu, R. (2012) Laccases: arquitecturas complexas para oxidações de um eletrão. Biochemistry-Moscow77: 1395-1407.

[86]Claus, H. (2004) Laccases: structure, reactions, distribution. Micron 35, 93-96.

[87] Solomon, E.I. et al. (1996) Multicopper oxidases and oxygenases. Chem. Rev. 96, 2563-2605.

[88] Murao S, Tanaka N. A new enzyme "bilirubin oxidase" produced by Myrothecium verrucaria MT-1. Agricultural and Biological Chemistry. 1981 Oct 1;45(10):2383-4.

[89] Huang, J.; Zhang, Y.; Ding, F.; Chen, D.; Wang, Y.; Jin, X.; Zhu, X. Conceção racional de nanocápsulas de enzimas redox electroactivas para biossensores de alto desempenho e células de biocombustível enzimático. Biosens. Bioelectron. 2021, 174, No. 112805.

[90] Cosnier, S.; Le Goff, A.; Holzinger, M. Towards glucose biofuel cells implanted in human body for powering artificial organs: Review. Electrochem. Commun. 2014, 38, 19-23.

[91] Gandhi, M.; Rajagopal, D.; Senthil Kumar, A. In-situ electro-organic conversion of lignocellulosic-biomass product-syringaldehyde to a MWCNT surface-confined hydroquinone electrocatalyst for biofuel cell and sensing of ascorbic acid applications. Appl. Surf. Sci. 2021, 562, No. 150158.

[92] Haque, S. u.; Duteanu, N.; Ciocan, S.; Nasar, A.; Inamuddin. A review: Evolution of enzymatic biofuel cells. J. Environ. Manage. 2021, 298, No. 113483.

[93] Xiao, X.; Xia, H.-q.; Wu, R.; Bai, L.; Yan, L.; Magner, E.; Cosnier, S.; Lojou, E.; Zhu, Z.; Liu, A. Tackling the Challenges of Enzymatic (Bio)Fuel Cells. Chem. Rev. 2019, 119, 9509-9558.

[94] Zhang, J.; Huang, X.; Zhang, L.; Si, Y.; Guo, S.; Su, H.; Liu, J. Montagem

camada a camada para imobilizar enzimas em células de biocombustível enzimático. Sustainable Energy Fuels 2020, 4, 68-79.

[95] Mano, N.; Edembe, L. Bilirubin oxidases in bioelectrochemistry: Caraterísticas e descobertas recentes. Biosens. Bioelectron. 2013, 50, 478-485.

[96] Falk, M.; Blum, Z.; Shleev, S. Células de combustível enzimáticas baseadas na transferência direta de electrões. Electrochim. Ata 2012, 82, 191-202.

[97] Wang, L.; Xu, M.; Xie, Y.; Qian, C.; Ma, W.; Wang, L.; Song, Y. Ratiometric electrochemical glucose sensor based on electroactive Schiff base polymers. Sens. Actuadores B: Chem. 2019, 285, 264-270.

[98] Li, G.; Wu, Z.; Xu, C.; Hu, Z. Cascata de catalisador híbrido para oxidação aprimorada de glicose em célula de biocombustível de glicose / ar. Bioelectrochemistry 2022, 143, No. 107983.

[99] Feng, X.; Ning, Y.; Wu, Z.; Li, Z.; Xu, C.; Li, G.; Hu, Z. Nanoribbons de grafeno enriquecidos com defeitos ajustam o comportamento de adsorção do mediador para impulsionar a célula de biocombustível de lactato / oxigênio. Nanomaterials 2023, 13, No. 1089.

[100] Hickey, D. P.; Halmes, A. J.; Schmidtke, D. W.; Glatzhofer, D. T. Electrochemical Characterization of Glucose Bioanodes Based on Tetramethylferrocene-Modified Linear Poly(ethylenimine). Electrochim. Ata 2014, 149, 252-257.

[101] Shitanda, I.; Takamatsu, K.; Niiyama, A.; Mikawa, T.; Hoshi, Y.; Itagaki, M.; Tsujimura, S. Célula de biocombustível enzimático de alta potência lactato/O_2 baseada em eléctrodos de tecido de carbono modificados com carbono contemplado com MgO. J. Power Sources 2019, 436, No. 226844.

[102] Dutta, S.; Patil, R.; Dey, T. Electron transfer-driven single and multi-enzyme biofuel cells for self-powering and energy bioscience. Nano Energy 2022, 96, n.º 107074.

[103] Mano, N.; de Poulpiquet, A. O_2 Reduction in Enzymatic Biofuel Cells. Chem. Rev. 2018, 118, 2392-2468.

[104] Blout, A.; Pulpytel, J.; Mori, S.; Arefi-Khonsari, F.; Méthivier, C.; Pailleret, A.; Jolivalt, C. Funcionalização de nano-paredes de carbono para uma redução eficiente de O_2 catalisada por lacase utilizando o design da experiência. Appl. Surf. Sci. 2021, 547, No. 149112.

[105] Huang, J.; Zhang, Y.; Li, J.; Deng, X.; Zhao, P.; Jin, X.; Zhu, X. Rational Optimization of Tether Binding Length between the Redox Groups and the Polymer

Backbone in Electroactive Redox Enzyme Nanocapsules for High-Performance Enzymatic Biofuel Cell. ACS Appl. Energy Mater. 2021, 4, 5034-5042.

[106] Qin, H.; Wang, Z.; Yu, Q.; Xu, Q.; Hu, X.-Y. Aptasensor flexível de ftalato de dibutilo baseado em células de biocombustível enzimático CNTs-rGO auto-alimentadas. Sens. Actuators B: Chem. 2022, 371, No. 132468.

[107] Li, G.; Ren, G.; Wang, W.; Hu, Z. Projeto racional de CNTs dopados com N @ C N_{34} rede para captura dupla de biocatalisadores em glicose enzimática / O_2 células de biocombustível. Nanoscale 2021, 13, 7774-7782.

[108] Kwon, C. H.; Ko, Y.; Shin, D.; Lee, S. W.; Cho, J. Elétrodo electrocatalítico de fibra de carbono montado com nanopartículas de ouro altamente condutoras para células de biocombustível de alto desempenho à base de glucose. J. Cho, J. Mater. Chem. A 2019, 7, 13495-13505.

[109] Li, G.; Li, Z.; Xu, C.; Hou, Z.; Hu, Z. Bioeletrocatálise aprimorada por recozimento térmico em células de biocombustível de glicose / oxigênio sem membrana com base em fibras de carbono hidrofílicas. ChemElectroChem 2021, 8, 4529-4536.

[110] Hao, Y.; Fang, M.; Xu, C.; Ying, Z.; Wang, H.; Zhang, R.; Cheng, H.-M.; Zeng, Y. Um elétrodo laminado de grafeno com elevada carga de glucose oxidase para deteção de glucose altamente sensível. J. Mater. Sci. Technol. 2021, 66, 57-63.

[111] Wei, S.; Hao, Y.; Ying, Z.; Xu, C.; Wei, Q.; Xue, S.; Cheng, H.-M.; Ren, W.; Ma, L.-P.; Zeng, Y. Transfer-free CVD graphene for highly sensitive glucose sensors. J. Mater. Sci. Technol. 2020, 37, 71-76.

[112] Dai, D.-J.; Chan, D.-S.; Wu, H.-S. Modified Carbon Nanoball on Electrode Surface Using Plasma in Enzyme-Based Biofuel Cells. Energy Procedia. 2012, 14, 1804-1810.

[113] Hebbar, R. S.; Isloor, A. M.; Inamuddin; Asiri, A. M. Carbon nanotube- and graphene-based advanced membrane materials for desalination. Environ. Chem. Lett. 2017, 15, 643-671.

[114] Brady, D.; Jordaan, J. Advances in enzyme immobilisation. Biotechnol. Lett. 2009, 31, 1639-1650.

[115] Lee, J.; Hyun, K.; Park, J. M.; Park, H. S.; Kwon, Y. Maximização da imobilização enzimática de células de biocombustível de glicose enzimática através de óxido de grafeno reduzido hierarquicamente estruturado. Int. J. Energy Res. 2021, 45, 20959-20969.

[116] Jayakumar, K.; Bennett, R.; Leech, D. Biossensor eletroquímico de glucose

baseado num polímero redox de ósmio e glucose oxidase enxertada em nanotubos de carbono: Otimização da densidade de corrente e da estabilidade através de um projeto de experiências. Electrochim. Ata 2021, 371, 137845.

[117] Sumaryada, T.; Sandy Gunawan, M.; Perdana, S.; Arjo, S.; Maddu, A. Uma análise de interação molecular revela os possíveis papéis do óxido de grafeno em um biossensor de glicose. Biosensors 2019, 9, No. 18.

[118] Sakthivel, M.; Ramaraj, S.; Chen, S.-M.; Chen, T.-W.; Ho, K.-C. Transition-Metal-Doped Molybdenum Diselenides with Defects and Abundant Active Sites for Efficient Performances of Enzymatic Biofuel Cell and Supercapacitor Applications. ACS Appl. Mater. Interfaces 2019, 11, 18483-18493.

[119] Liao, Z.; Geng, A. Asphaltenes in oil reservior recovery. Chin. Sci. Bull. 2000, 45, 682-688.

[120] Wang, Q.; Zhao, C.; Lu, Y.; Li, Y.; Zheng, Y.; Qi, Y.; Rong, X.; Jiang, L.; Qi, X.; Shao, Y.; et al. Materiais avançados de ânodo nanoestruturado para baterias de iões de sódio. Pequeno 2017, 13, No. 1701835.

[121] Wang, J.; Yan, L.; Liu, B.; Ren, Q.; Fan, L.; Shi, Z.; Zhang, Q. Uma estratégia de pré-oxidação solvotérmica que converte o piche de carbono macio em carbono duro para melhorar o armazenamento de sódio. Chin. Chem. Lett. 2023, 34, No. 107526.

[122] Javed, H.; Luong, D. X.; Lee, C.-G.; Zhang, D.; Tour, J. M.; Alvarez, P. J. J. Remoção eficiente de bisfenol-A por carvão ativado poroso de área superficial ultra-alta derivado de asfalto. Carbono 2018, 140, 441-448.

[123] Molina-Jordá, J. M. Compósitos de carbono celular de célula aberta magneto-indutivos com carbono ativado como fase convidada: Guefoams para a gestão de COVs com eficiência energética. Ceram. Int. 2022, 48, 17440-17448.

[124] Plata-Gryl, M.; Momotko, M.; Makowiec, S.; Boczkaj, G. Adsorventes derivados de asfalto altamente eficazes para a remoção de compostos orgânicos voláteis em fase gasosa. Sep. Purif. Technol. 2019, 224, 315-321.

[125] Shi, K.; Yang, J.; Li, J.; Zhang, X.; Wu, W.; Liu, H.; Yoon, S.-H.; Li, X. Efeito do precursor de breu induzido por oxigénio nas propriedades e na evolução da estrutura de fibras isotrópicas à base de breu durante a carbonização e a grafitização. Fuel Process. Technol. 2020, 199, No. 106291.

[126] Li, Z.; Cao, Y.; Li, G.; Chen, L.; Xu, W.; Zhou, M.; He, B.; Wang, W.; Hou, Z. High rate capability of S-doped ordered mesoporous carbon materials with diretional arrangement of carbon layers and large d-spacing for sodium-ion battery.

Electrochim. Ata 2021, 366, No. 137466.

[127] Zhang, Y.; Deng, H.; Zheng, Y.; Li, C.; Long, Y.; Li, Z.; Xu, W.; Li, G. O comportamento de pseudocapacitância permite a conversão e o armazenamento eletroquímico eficiente e estável de energia em células de biocombustível enzimático glucose/ar. J. Energy Storage 2024, 82, No. 110604.

[128] Ma, Z.; Zhuang, Y.; Deng, Y.; Song, X.; Zuo, X.; Xiao, X.; Nan, J. Da grafite gasta à grafite amorfa sp +sp^{23} revestida a carbono sp^2 grafite para baterias de iões de lítio de alto desempenho. J. Power Sources 2018, 376, 91-99.

[129] Kozakov, A. T.; Kochur, A. G.; Kumar, N.; Panda, K.; Nikolskii, A. V.; Sidashov, A. V. Determinação das fracções de fase sp^2 e sp^3 na superfície de películas de diamante a partir de C1s, espectros de fotoelectrões de raios X da banda de valência e espectros Auger excitados por raios X CKVV. Appl. Surf. Sci. 2021, 536, No. 147807.

[130] White, R. J.; Budarin, V.; Luque, R.; Clark, J. H.; Macquarrie, D. J. Tuneable porous carbonaceous materials from renewable resources. Chem. Soc. Rev. 2009, 38, 3401-3418.

[131] Wu, Y., Garg, S., Li, M., Idros, M. N., Li, Z., Lin, R., Chen, J., Wang, G., Rufford, T. E. Effects of microporous layer on electrolyte flooding in gas diffusion electrodes and selectivity of CO_2 electrolysis to CO. J. Power Sources 2022, 522, n.º 230998.

[132] Zhang, B., Zhao, Y., Liu, J., Wang, X., Li, D., Li, X., Impact of Micro-/Mesoporous Carbonaceous Structure on Electrochemical Performance of Sulfur. Electrochim. Ata 2017, 248, 416-424.

[133] Xu, J., Zhang, R., Wu, C., Zhao, Y., Ye, X., Ge, S. Desempenho eletroquímico do carbono derivado de carboneto grafitado com micro e meso-poros hierárquicos em eletrólito alcalino. Carbono, 2014, 74, 226-236.

[134] Biswal, M.; Banerjee, A.; Deo, M.; Ogale, S. From dead leaves to high energy density supercapacitors. Energy Environ. Sci. 2013, 6, 1249-1259.

[135] Li, G.; Long, Y.; Li, Z.; Li, S.; Zheng, Y.; He, B.; Zhou, M.; Hu, Z.; Zhou, M.; Hou, Z. Reduzir a tensão de carregamento de uma bateria de Zn-ar para 1,6 V através da oxidação de biomassa mediada por radicais redox. ACS Sustainable Chem. Eng. 2023, 11, 8642-8650.

[135] Li, Z.; Zhang, B.; Li, G.; Cao, S.; Guo, C.; Li, H.; Wang, R.; Chen, J.; Wu, L.; Huang, J.; et al. Restringir a migração e a dissolução de iões de metais de transição através de um separador funcionalizado para um cátodo à base de Mn rico em li com elevada densidade energética. J. Energy Chem. 2023, 84, 11-21.

[137] Hrapovic, S.; Manuel, M. F.; Luong, J. H. T.; Guiot, S. R.; Tartakovsky, B. Eletrodeposição de partículas de níquel num cátodo de difusão de gás para produção de hidrogénio numa célula de eletrólise microbiana. Int. J. Hydrogen Energy 2010, 35, 7313-7320.

[138] Yan, Y.; Guo, L.; Geng, H.; Bi, S. Hierarchical Porous Metal-Organic Framework as Biocatalytic Microreactor for Enzymatic Biofuel Cell-Based Self-Powered Biosensing of MicroRNA Integrated with Cascade Signal Amplification [Estrutura Hierárquica Porosa Metal-Orgânica como Microrreator Biocatalítico para Biocombustível Enzimático Biossensor de MicroRNA Integrado com Amplificação de Sinal em Cascata]. Small 2023, 19, No. 2301654.

[139] Tang, J.; Yan, X.; Huang, W.; Engelbrekt, C.; Duus, J. Ø.; Ulstrup, J.; Xiao, X.; Zhang, J. Bilirrubina oxidase orientada para biocátodos tridimensionais de tipo novo com agregação reduzida de grafeno para biocátodo. Biosens. Bioelectron. 2020, 167, No. 112500.

[140] Rasitanon, N.; Veenuttranon, K.; Thandar Lwin, H.; Kaewpradub, K.; Phairatana, T.; Jeerapan, I. Redox-Mediated Gold Nanoparticles with Glucose Oxidase and Egg White Proteins for Printed Biosensors and Biofuel Cells. Int. J. Mol. Sci. 2023, 24, No. 4657.

[141] Kabir, M. H.; Marquez, E.; Djokoto, G.; Parker, M.; Weinstein, T.; Ghann, W.; Uddin, J.; Ali, M. M.; Alam, M. M.; Thompson, M.; et al. Energy Harvesting by Mesoporous Reduced Graphene Oxide Enhanced the Mediator-Free Glucose-Powered Enzymatic Biofuel Cell for Biomedical Applications. ACS Appl. Mater. Interfaces 2022, 14, 24229-24244.

[142] Rewatkar, P.; U. S, J.; Goel, S. Célula de biocombustível de glicose baseada em papel origami empilhado em prateleira optimizada com enzimas imobilizadas e um mediador. ACS Sustainable Chem. Eng. 2020, 8, 12313-12320.

[143] Huang, Y.; Masuda, T.; Takai, M. A Modifiable, Spontaneously Formed Polymer Gel with Zwitterionic and N-Hydroxysuccinimide Moieties for an Enzymatic Biofuel Cell. ACS Appl. Polym. Mater. 2021, 3, 631-639.

[144] Chansaenpak, K.; Kamkaew, A.; Lisnund, S.; Prachai, P.; Ratwirunkit, P.; Jingpho, T.; Blay, V.; Pinyou, P. Desenvolvimento de um biossensor de glicose autoalimentado sensível baseado em uma célula de biocombustível enzimático. Biosensors 2021, 11, No. 6.

[145] D. Pankratov, F. Conzuelo, P. Pinyou, S. Alsaoub, W. Schuhmann, S. Shleev, A Nernstian Biosupercapacitor, Angew. Chem., Int. Ed. 55 (2016) 15434-15438.

[146] D. Larcher, J.-M. Tarascon, Towards greener and more sustainable batteries for electrical energy storage, Nat. Chem. 7 (2015) 19-29.

[147]D. Pankratov, P. Falkman, Z. Blum, S. Shleev, Um dispositivo híbrido de energia elétrica para geração e armazenamento simultâneos de energia elétrica, Energy Environ. Sci. 7 (2014) 989-993.

[148]H. Yin, L. Jia, H.Y. Li, A. Liu, G. Li, Y. Zhu, J. Huang, M. Cao, Z. Hou, nanotubos de SnS revestidos com uma camada de carbono tipo cavidade pontual com capacidade de armazenamento de energia melhorada para baterias de iões de lítio/sódio, J. Energy Storage 65 (2023) 107354.

[149] G. Li, Y. Long, Z. Li, S. Li, Y. Zheng, B. He, M. Zhou, Z. Hu, M. Zhou, Z. Hou, Reduzindo a tensão de carga de uma bateria de Zn-ar para 1,6 V através da oxidação de biomassa mediada por radicais redox, ACS Sustainable Chem. Eng. 11 (2023) 8642-8650.

[150]D. Pankratov, Z. Blum, S. Shleev, Biodevices de energia elétrica híbrida, ChemElectroChem 1 (2014) 1798-1807.

[151]C. Agnès, M. Holzinger, A. Le Goff, B. Reuillard, K. Elouarzaki, S. Tingry, S. Cosnier, híbridos de supercapacitores/células de biocombustível baseados em enzimas ligadas a matrizes de nanotubos de carbono: recarga autónoma após impulsos de alta potência em soluções neutras de glicose tamponada, Energy Environ. Sci. 7 (2014) 1884-1888.

[152]M. Kizling, M. Dzwonek, A. Więckowska, K. Stolarczyk, R. Bilewicz, Biosupercapacitor com uma cascata enzimática no ânodo trabalhando em uma solução de sacarose, Biosens. Bioelectron. 186 (2021) 113248.

[153]L.P. Jarvis, T.B. Atwater, P.J. Cygan, Fuel cell/electrochemical capacitor hybrid for intermittent high power applications, J. Power Sources 79 (1999) 60-63.

[154]B.E. Conway, W.G. Pell, Double-layer and pseudocapacitance types of electrochemical capacitors and their applications to the development of hybrid devices, J. Solid State Electrochem. 7 (2003) 637-644.

[155]C. Santoro, X.A. Walter, F. Soavi, J. Greenman, I. Ieropoulos, micro-supercapacitor auto-estratificado e auto-alimentado integrado em uma célula de combustível microbiana operando na urina humana, Electrochim. Ata 307 (2019) 241-252.

[156]P. Zhao, H. Zhang, X. Sun, S. Hao, S. Dong, Um dispositivo bioelectroquímico híbrido baseado na célula de biocombustível enzimático glucose/O2 para conversão e armazenamento de energia, Electrochim. Ata 420 (2022)

140440.

[157] G. Li, Z. Wu, C. Xu, Z. Hu, cascata de catalisador híbrido para oxidação aprimorada de glicose em célula de biocombustível de glicose / ar, Bioeletroquímica 143 (2022) 107983.

[158]Y. Yu, J. Nassar, C. Xu, J. Min, Y. Yang, A. Dai, R. Doshi, A. Huang, Y. Song, R. Gehlhar, AD Ames, W. Gao, Pele eletrónica macia movida a biocombustível com deteção multiplexada e sem fios para interfaces homem-máquina, Sci. Robot. 5 (2020) eaaz7946.

[159]L. Zhang, M. Zhou, D. Wen, L. Bai, B. Lou, S. Dong, Small-size biofuel cell on paper, Biosens. Bioelectron. 35 (2012) 155-159.

[160]D. Pankratov, F. Shen, R. Ortiz, M.D. Toscano, E. Thormann, J. Zhang, L. Gorton, Q. Chi, Biosupercapacitor independente de combustível e sem membrana, Chem. Commun. 54 (2018) 11801-11804.

[161]B. Reuillard, A. Le Goff, C. Agnès, A. Zebda, M. Holzinger, S. Cosnier, Transferência direta de electrões entre a tirosinase e os nanotubos de carbono de paredes múltiplas para a redução bioelectrocatalítica do oxigénio, Electrochem. Commun. 20 (2012) 19-22.

[162]R.D. Milton, S.D. Minteer, Diret enzymatic bioelectrocatalysis: differentiating between myth and reality, J. R. Soc. Interface 14 (2017) 20170253.

[163]A. Badura, T. Kothe, W. Schuhmann, M. Rögner, Wiring photosynthetic enzymes to electrodes, Energy Environ. Sci. 4 (2011) 3263-3274.

[164]H. Xia, J. Zeng, modificação racional da superfície de nanomateriais de carbono para melhorar a bioeletrocatálise do tipo de transferência direta de elétrons de enzimas redox, catalisadores 10 (2020) 1447.

[165]P. Rewatkar, J. U. S, S. Goel, Célula de Biocombustível de Glucose baseada em Origami de Papel Empilhado em Prateleira Optimizada com Enzimas Imobilizadas e um Mediador, Chem. Eng. 8 (2020) 12313-12320.

[166]Y. Chung, Y. Ahn, D.-H. Kim, Y. Kwon, catalisadores anódicos baseados em glicose oxidase ancorada no grupo amida para célula de biocombustível enzimática de alto desempenho, J. Power Sources 337 (2017) 152-158.

[167]Z. Wu, Z. Li, G. Li, X. Zheng, Y. Su, Y. Yang, Y. Liao, Z. Hu, rede condutora 3D dopada com N derivada de ADN com atividade electrocatalítica melhorada e estabilidade para células de biocombustível sem membrana, Anal. Chim. Ata 1165 (2021) 338546.

[168]K. Karnicka, K. Miecznikowski, B. Kowalewska, M. Skunik, M. Opallo, J.

Rogalski, W. Schuhmann, P.J. Kulesza, ABTS-Modified Multiwalled Carbon Nanotubes as an Effective Mediating System for Bioelectrocatalytic Reduction of Oxygen, Anal. Chem. 80 (2008) 7643-7648.

[169] G. Li, G. Ren, W.A. Wang, Z. Hu, projeto racional da rede CNTs @ C3N4 dopada com N para captura dupla de biocatalisadores em células enzimáticas de biocombustível de glicose / O2, Nanoscale 13 (2021) 7774-7782.

[170] K.L. Knoche, D.P. Hickey, R.D. Milton, C.L. Curchoe, S.D. Minteer, Biobateria híbrida de glicose/O2 e supercapacitor utilizando um polímero redox de dimetilferroceno pseudocapacitivo no bioanodo, ACS Energy Lett. 1 (2016) 380-385.

[171]K. Czyzewska, A. Trusek, Parâmetros Críticos numa Forma Enzimática de Obtenção de Leite Sem Lactose Não Adocicado Utilizando Catalase e Glucose Oxidase Co-Encapsuladas em Hidrogel com Reticulação Química, Foods 12 (2023) 113.

[172]B. Tan, F. Baycan, um biossensor enzimático de glicose baseado em um eletrodo de grafite lápis modificado com polímero conjugado naftalenodimida / 3,4-etilenodioxitiofeno e enriquecido com nanopartículas de Au, ChemistrySelect, 7 (2022) e202103437.

[173]W. Wang, L. Li, J. Ouyang, J. Gong, J. Tian, L. Chen, J. Huang, B. He, Z. Hou, carbono mesoporoso co-dopado com CoS2/N, S com estrutura 3D micro-nano reticulada como electrocatalisadores bifuncionais eficientes de oxigénio para baterias de zinco-ar, Chin. Chem. Lett. 34 (2023) 107597.

[174]F. Tuinstra, J.L. Koenig, Raman spectrum of graphite, J. Chem. Phys. 5 (1970) 1126-1130.

[175]S. Stankovich, D.A. Dikin, R.D. Piner, K.A. Kohlhaas, A. Kleinhammes, Y. Jia, Y. Wu, S.T. Nguyen, R.S. Ruoff, Synthesis of graphene-based nanosheets via chemical reduction of exfoliated graphite oxide, Carbon 45 (2007) 1558-1565.

[176]X. Feng, Y. Ning, Z. Wu, Z. Li, C. Xu, G. Li, Z. Hu, Nanoribbons de grafeno enriquecidos com defeitos afinam o comportamento de adsorção do mediador para impulsionar a célula de biocombustível de lactato/oxigénio, Nanomaterials 13 (2023) 1089.

[177]Y. Wang, Y. Shao, D.W. Matson, J. Li, Y. Lin, Nitrogen-doped graphene and its application in electrochemical biosensing, ACS Nano 4 (2010) 1790-1798.

[178]Y.-P. Liu, C.-X. Xu, W.-Q. Ren, L.-Y. Hu, W.-B. Fu, W. Wang, H. Yin, B.-H. He, Z.-H. Hou, L. Chen, síntese de auto-template de nanotubos de carbono ocos dopados com MnO @ N como um ânodo avançado para baterias de íon-lítio, Rare

Metals 42 (2023) 929-939.

[179]P.C. Shi, J.P. Guo, X. Liang, S. Cheng, H. Zheng, Y. Wang, C.H. Chen, H.F. Xiang, Produção em grande escala de folhas de grafeno de alta qualidade por um método de esfoliação eletroquímica não electrificada, Carbono, 126 (2018) 507-513.

[180]P.C. Shi, J.P. Guo, X. Liang, S. Cheng, H. Zheng, Y. Wang, C.H. Chen, H.F. Xiang, Produção em grande escala de folhas de grafeno de alta qualidade por um método de esfoliação eletroquímica não electrificada, Carbon 126 (2018) 507-513.

[181]A.T.E. Vilian, J.Y. Song, Y.S. Lee, S.-K. Hwang, H.J. Kim, Y.-S. Jun, Y.S. Huh, Y.-K. Han, carbono poroso tridimensional contemplado com sal para determinação eletroquímica de ácido gálico, Biosens. Bioelectron. 117 (2018) 597-604.

[182]L. Long, H. Liu, X. Liu, L. Chen, S. Wang, C. Liu, S. Dong, J. Jia, matrizes de carbono hierárquico co-incorporadas dopadas com N com aumento da atividade eletrocatalítica para deteção eletroquímica in situ de H2O2, Sens. Actuators, B 31 (2020) 128242.

[183]S. Chen, J. Wu, R. Zhou, L. Zuo, P. Li, Y. Song, L. Wang, Esferas de carbono poroso dopadas com Fe3C como ânodo para baterias de iões de lítio de alta taxa. Electrochim. Ata 180 (2015) 78-85.

[184]G. Li, M. Kou, J. Tu, Y. Luo, M. Wang, S. Jiao, Coordination interaction boosts energy storage in rechargeable Al battery with a positive electrode material of CuSe, Chem. Eng. J. 421 (2021) 127792.

[185]Q. Zhao, Y. Shan, C. Xiang, J. Wang, Y. Zou, G. Zhang, W. Liu, Prevendo a eficiência de conversão de energia de células solares orgânicas binárias baseadas no aceitador Y6 por aprendizado de máquina, J. Energy Chem. 82 (2023) 139-147.

[186]R. Rajaram, D. Karuppasamy, P. Ragupathy, J. Mathiyarasu, Understanding the role of glucose oxidase on carbon felt as electrodes in biocapacitor studies, Bull. Mater. Sci. 42 (2019) 1-8.

[187]C. Zhang, X. Zheng, Y. Ning, Z. Li, Z. Wu, X. Feng, G. Li, Z. Huang, Z. Hu, Melhorando a estabilidade a longo prazo da célula bio-fotoelectroquímica por engenharia de defeitos de um fotoanodo WO3-x, J. Energy Chem. 80 (2023) 584-593.

[188]C. Zhao, P. Gai, R. Song, Y. Chen, J. Zhang, J.-J. Zhu, células de biocombustível baseadas em materiais nanoestruturados: avanços recentes e perspectivas futuras, Chem. Soc. Rev. 46 (2017) 1545-1564.

[189]C. Gu, P. Gai, F. Li, Construção de biossensores auto-alimentados baseados em células de biocombustível através do design do sistema nanocatalítico, Nano Energy 93 (2022) 106806.

[190] Z. Chen, Y. Yao, T. Lv, Y. Yang, Y. Liu, T. Chen, Célula de biocombustível enzimático flexível e extensível com elevado desempenho possibilitado por eléctrodos têxteis e eletrólito de hidrogel polimérico, Nano Letters 22(1) (2022) 196-202.

[191] C. Wang, K. Xia, H. Wang, X. Liang, Z. Yin, Y. Zhang, Advanced Carbon for Flexible and Wearable Electronics, Advanced Materials 31(9) (2019) e1801072.

[192] B. Wang, A. Thukral, Z. Xie, L. Liu, X. Zhang, W. Huang, X. Yu, C. Yu, T.J. Marks, A. Facchetti, Flexible and stretchable metal oxide nanofiber networks for multimodal and monolithically integrated wearable electronics, Nature Communications 11(1) (2020) 2405.

[193] C. Zhang, Q. Zhang, D. Zhang, M. Wang, Y. Bo, X. Fan, F. Li, J. Liang, Y. Huang, R. Ma, Y. Chen, Highly Stretchable Carbon Nanotubes/Polymer Thermoelectric Fibers, Nano Letters 21(2) (2021) 1047-1055.

[194] G. Li, Z. Wu, C. Xu, Z. Hu, cascata de catalisador híbrido para oxidação aprimorada de glicose em célula de biocombustível de glicose / ar, Bioeletroquímica 143 (2022) 107983.

[195] G. Li, G. Ren, W.A. Wang, Z. Hu, Projeto racional da rede CNTs@C3N4 dopada com N para captura dupla de biocatalisadores em glicose enzimática/O_2 células de biocombustível, Nanoscale 13(16) (2021) 7774-7782.

[196] G. Li, Y. Wang, F. Yu, Y. Lei, Z. Hu, oxidação profunda de glicose impulsionada por 4-acetamido-TEMPO para uma célula a combustível de glicose à temperatura ambiente, Chemical Communications 57 (33) (2021) 4051-4054.

[197] Y. Nie, Y. Liu, Q. Zhang, X. Su, Q. Ma, Novo método de deteção de eletroquimioluminescência amplificada baseado em modificador de coreactante para diagnóstico de galactose no local de atendimento, Biosensores e Bioeletrónica 138 (2019) 111318.

[198] K. So, S. Kawai, Y. Hamano, Y. Kitazumi, O. Shirai, M. Hibi, J. Ogawa, K. Kano, Melhoria de uma célula de biocombustível de frutose/dioxigénio do tipo transferência direta de electrões com um biocátodo modificado com substrato, Phys Chem Chem Phys 16(10) (2014) 4823-9.

[199] A. Ghimire, A. Pattammattel, C.E. Maher, R.M. Kasi, C.V. Kumar, Célula de biocombustível enzimática de metanol/oxigénio utilizando lacase e cascatas de desidrogenase dependentes de NAD(+) como biocatalisadores em eléctrodos de nanodots de carbono, ACS Applied Materials & Interfaces 9(46) (2017) 40978-40986.

[200] C. Zhu, A. Chortos, Y. Wang, R. Pfattner, T. Lei, A.C. Hinckley, I. Pochorovski, X. Yan, J.W.-F. To, J.Y. Oh, J.B.-H. Tok, Z. Bao, B. Murmann, circuitos

extensíveis de deteção de temperatura com supressão de tensão baseada em transistores de nanotubos de carbono, Nature Electronics 1 (2018) 183-190.

[201] Y. Liu, J. Liu, S. Chen, T. Lei, Y. Kim, S. Niu, H. Wang, X. Wang, A.M. Foudeh, J.B.-H. Tok, Z. Bao, microeletrônica baseada em hidrogel macio e elástico para neuromodulação localizada de baixa tensão, Nature Biomedical Engineering 3 (1) (2019) 58-68.

[202] Z. Li, Y. Cao, G. Li, L. Chen, W. Xu, M. Zhou, B. He, W. Wang, Z. Hou, Capacidade de alta taxa de materiais de carbono mesoporosos ordenados dopados com S com arranjo direcional de camadas de carbono e grande espaçamento d para bateria de íon de sódio, Electrochimica Ata 11 (2020) 0013-4686.

[203] Z. Li, G. Li, Z. Wu, S. Jiao, Z. Hu, sulfetos de cobalto / nanohíbridos de carbono: um novo biocatalisador para células e biossensores não enzimáticos de biocombustível de glicose, RSC Advances 9 (56) (2019) 32898-32905.

[204] J. Tang, R.M.L. Werchmeister, L. Preda, W. Huang, Z. Zheng, S. Leimkühler, U. Wollenberger, X. Xiao, C. Engelbrekt, J. Ulstrup, J. Zhang, Bioanodos tridimensionais de sulfito oxidase baseados em papel de carbono funcionalizado com grafeno para células de biocombustível de sulfito/O2, ACS Catalysis 9 (2019) 6543-6554.

[205] Y.L. Yaphary, M. He, G. Lu, F. Zou, P. Liu, D.C.W. Tsang, Z. Leng, Experiências e simulações moleculares multiescala sobre a absorção de Cu por asfalto modificado com biochar: Uma visão sobre a capacidade de remoção e o mecanismo de metais pesados do escoamento de águas pluviais, Chemical Engineering Journal 462(15) (2023) 142205.

[206] G. Zhang, T. Guan, N. Wang, J. Wu, J. Wang, J. Qiao, K. Li., Engenharia de pequenos mesoporos de carbonos porosos à base de pitch para melhorar o desempenho do supercapacitor, Chemical Engineering Journal 399 (2020) 125818.

[207] G. Li, Z. Li, C. Xu, Z. Hou, Z. Hu, Bioelectrocatálise reforçada por recozimento térmico em células de biocombustível de glicose/oxigénio sem membrana baseadas em fibras de carbono hidrofílicas, ChemElectroChem 8 (2020) 4529-4536.

[208] K. Elouarzaki, D. Cheng, A.C. Fisher, J.-M. Lee, orientação de acoplamento e estratégias de mediação para transferência eficiente de elétrons em células híbridas de biocombustível, Nature Energy 7 (2018) 574-581.

[209] C.H. Kwon, Y. Ko, D. Shin, S.W. Lee, J. Cho, elétrodo de fibra de carbono montado com nanopartículas de ouro eletrocatalítico altamente condutor para células de biocombustível à base de glicose de alto desempenho, Journal of Materials

Chemistry A 7(22) (2019) 13495-13505.

[210] H. Yuk, B. Lu, X. Zhao, bioelectrónica de hidrogel, Chemical Society Reviews 48(6) (2019) 1642-1667.

[211] Y. Cao, T.G. Morrissey, E. Acome, S.I. Allec, B.M. Wong, C. Keplinger, C. Wang, A Transparent, Self-Healing, Highly Stretchable Ionic Conductor, Advanced Materials 29(10) (2017).

[212] J.W. Hyunwoo Yuk, Xuanhe Zhao, Interfaces de hidrogel para a fusão de humanos e máquinas, Nature Reviews Materials 7 (2022) 935-952.

[213] H.R. Lee, C.C. Kim, J.Y. Sun, Stretchable Ionics - A Promising Candidate for Upcoming Wearable Devices, Adv Mater 30(42) (2018) e1704403.

[214] S. Li, Y. Cong, J. Fu, bioelectrónica de hidrogel adesivo de tecido, Journal of Materials Chemistry B 9(22) (2021) 4423-4443.

[215] D. Caccavo, S. Cascone, G. Lamberti, A.A. Barba, Hydrogels: experimental characterization and mathematical modelling of their mechanical and diffusive behaviour, Chemical Society Reviews 47(7) (2018) 2357-2373.

[216] F. Zhao, Y. Shi, L. Pan, G. Yu, Géis Poliméricos Condutivos Nanoestruturados Multifuncionais: Síntese, propriedades e aplicações, contas de pesquisa química 50 (7) (2017) 1734-1743.

[217] Z. Wang, Y. Cong, J. Fu, hidrogéis condutores extensíveis e resistentes para sensores flexíveis de pressão e deformação, Journal of Materials Chemistry B 8(16) (2020) 3437-3459.

[218] J.B. Youhong Guo, Fei Zhao e Guihua Yu, Functional Hydrogels for Next-Generation Batteries and Supercapacitors, Trends in Chemistry 1 (2019) 335-348.

[219] Y. Yan, L. Guo, H. Geng, S. Bi, Hierarchical Porous Metal-Organic Framework as Biocatalytic Microreactor for Enzymatic Biofuel Cell-Based Self-Powered Biosensing of MicroRNA Integrated with Cascade Signal Amplification, Small (2023) 2301654.

[220] P. Bollella, Z. Boeva, R.M. Latonen, K. Kano, L. Gorton, J. Bobacka, Biossensor auto-alimentado de frutose altamente sensível e estável baseado num biossupercapacitor auto-carregável, Biosens Bioelectron 176 (2021) 112909.

[221] P. Zhao, H. Zhang, X. Sun, S. Hao, S. Dong, Um dispositivo bioelectroquímico híbrido baseado na célula de biocombustível enzimático glucose/O2 para conversão e armazenamento de energia, Electrochimica Ata 420 (2022) 140440.

[222] K. Chansaenpak, A. Kamkaew, S. Lisnund, P. Prachai, P. Ratwirunkit, T.

Jingpho, V. Blay, P. Pinyou, Development of a Sensitive Self-Powered Glucose Biosensor Based on an Enzymatic Biofuel Cell, Biosensors (Basel) 11(1) (2021).

[223] C. Gonzalez-Solino, E. Bernalte, C. Bayona Royo, R. Bennett, D. Leech, M. Di Lorenzo, Deteção auto-alimentada de glicose por células de combustível enzimáticas de glicose / oxigênio em placas de circuito impresso, ACS Appl Mater Interfaces 13 (23) (2021) 26704-26711.

[224] T.M. Yixuan Huang e Madoka Takai, Um gel polimérico modificável, formado espontaneamente, com moléculas zwitteriónicas e N-hidroxissuccinimida para uma célula de biocombustível enzimático, ACS Applied Polymer Materials 3 (2020) 631-639.

[225] Y. Wang, L. Zhang, K. Cui, S. Ge, P. Zhao, J. Yu, Sistema autoalimentado com suporte de papel baseado numa célula de biocombustível de glicose/O(2) para deteção visual de MicroRNA-21, ACS Appl Mater Interfaces 11(5) (2019) 5114-5122.

[226] A.L. Chuantao Hou, Um dispositivo integrado de células de biocombustível enzimático e supercapacitor para conversão e armazenamento eficientes de energia eléctrica, Electrochimica Ata 245 (2017) 303-308.

[227] K. Toma, F. Seshima, A. Maruyama, T. Arakawa, K. Yano, K. Mitsubayashi, Desempenho melhorado da bio-bateria de ar com base no fornecimento eficiente de oxigénio com uma célula de diafragma altamente porosa de gás/líquido, Biosens Bioelectron 124-125 (2019) 253-259.

[228] G.B.V.S.L. Prashant Mishra, Sachin Mishra, D.K. Avasthi, Hendrik C. Swart, Anthony P.F. Turner, Yogendra K. Mishra, Ashutosh Tiwari, Electrocatalytic biofuel cell based on highly efficient metal-polymernano-architectured bioelectrodes, Nano Energy 39 (2017) 601-607.

[229]N.-N. Wu, L.-G. Chen, H.-B. Wang, Um sensor de fluorescência sensível para a determinação da tetraciclina com base em nanoclusters de cobre de cadeia simples ricos em adenina e timina, Appl. Spectrosc. 77 (2023) 1206-1213.

[230]H.-B. Wang, B.-B. Tao, A.-L. Mao, Z.-L. Xiao, Y.-M. Liu, realce fluorescente dependente da estrutura de nanoclusters de cobre auto-montados para determinação sensível de tetraciclinas pelo movimento intramolecular de restrição, Sens. Actuadores, B 348 (2021) 130729.

[231]H.-B. Wang, Y. Li, H.-Y. Bai, Z.-P. Zhang, Y.-H. Li, Y.-M. Liu, Desenvolvimento de deteção de fluorescência rápida e sem rótulo de tetraciclinas no leite com base em nanoclusters de au contemplados com DNA de poli (adenina), Food Analytical Methods 11 (2018), 3095-3102.

[232]Y.-M. Liang, H. Yang, B. Zhou, Y. Chen, M. Yang, K.-S. Wei, X.-F. Yan, C. Kang, pontos de carbono derivados de folhas de tabaco residuais para deteção de tetraciclina: Melhorar a exatidão quantitativa com a ajuda do modelo quimiométrico, Anal. Chim. Ata 1191 (2022) 339269.

[233]Y. Chen, X.-F. Yan, J. Bin, Y.-M. Liang, F.-X. Wang, M. Yang, C. Kang, Selectivity quantification with the fluorescent quantitative model-assisted semi-selective probe (carbon dots): Determinação exacta de clortetraciclina em ambientes aquosos com interferência, Appl. Spectrosc. 77 (2023) 636-651.

[234]L.M. Nguyen, N.T.T. Nguyen, T.T.T. Nguyen, T.T. Nguyen, D.T.C. Nguyen, T.V. Tran, Occurrence, toxicity and adsorptive removal of the chloramphenicol antibiotic in water: a review, Environ. Chem. Lett. 20 (2022) 1929-1963.

[235]X. Hu, J. Qin, Y. Wang, J. Wang, A. Yang, Y.F. Tsang, B. Liu, degradação sinérgica Cloranfenicol em célula de combustível microbiana foto-electrocatalítica sobre fotocátodo Ni/MXene, J. Colloid Interface Sci. 628 (2022) 327-337.

[236]Q.-Q. Zhang, G.-G. Ying, C.-G. Pan, Y.-S. Liu, J.-L. Zhao, Comprehensive Evaluation of Antibiotics Emission and Fate in the River Basins of China: Source Analysis, Multimedia Modeling, and Linkage to Bacterial Resistance, Environ. Sci. Technol. 49 (2015) 6772-6782.

[237]J. Lin, K. Zhang, L. Jiang, J. Hou, X. Yu, M. Feng, M. Feng, C. Ye, Remoção de antibióticos cloranfenicol em sistemas de água naturais e artificiais: Revisão dos mecanismos de reação e toxicidade do produto, Sci. Total Environ. 850 (2022) 158059.

[238]J. Zhang, R. Zhao, L. Cao, Y. Lei, J. Liu, J. Feng, W. Fu, X. Li, B. Li, Biodegradação de alta eficiência do cloranfenicol por consórcios bacterianos enriquecidos: Estudo cinético e caraterização da comunidade bacteriana, J. Hazard. Mater. 384 (2020) 121344.

[239]N. Guo, Y. Wang, L. Yan, X. Wang, M. Wang, H. Xu, S. Wang, Efeito do sistema bio-eletroquímico no destino e proliferação de genes de resistência ao cloranfenicol durante o tratamento de águas residuais de cloranfenicol, Water Res. 117 (2017) 95-101.

[240]M. Hernández-Mesa, A.M. García-Campaña, C. Cruces-Blanco, Novo método de extração em fase sólida para a análise de 5-nitroimidazóis e metabolitos em amostras de leite por eletroforese capilar, Food Chem. 145 (2014) 161-167.

[241]L. Wei, F. Jiao, Z. Wang, L. Wu, D. Dong, Y. Chen, imunoensaio fototérmico modulado por enzima de resíduos de cloranfenicol no leite e no ovo utilizando um termovisor auto-calibrado, Food Chem. 392 (2022) 133232.

[242]A.T.E. Vilian, S.Y. Oh, M. Rethinasabapathy, R. Umapathi, S.-K. Hwang, C.W. Oh, B. Park, Y. S. Huh, Y.-K. Han, Condutividade melhorada de MnWO4 tipo flor em nitreto de carbono grafítico com defeito como um electrocatalisador eficiente para deteção ultrassensível de cloranfenicol, J. Hazard. Mater. 399 (2020) 122868.

[243]J. Yin, H. Ouyang, W. Li, Y. Long, Uma Plataforma Eletroquímica Eficaz para a Deteção de Cloranfenicol Baseada em Nanofolhas de Nitreto de Boro dopadas com Carbono, Biosensores 13 (2023) 116.

[244]X. Xie, B. Wang, M. Pang, X. Zhao, K. Xie, Y. Zhang, Y. Wang, Y. Guo, Ch. Liu, X. Bu, R. Wang, H. Shi, G. Zhang, T. Zhang, G. Dai, J. Wang, Análise quantitativa de cloranfenicol, tianfenicol, florfenicol e florfenicol amina em ovos por cromatografia líquida-espetrometria de massa em tandem com ionização por electrospray, Food Chem. 269 (2018) 542-548.

[245]Q.-F. Zhang, H.-M. Xiao, J.-T. Zhan, B.-F. Yuan, Y.-Q. Feng, Simultaneous determination of indole metabolites of tryptophan in rat feces by chemical labeling assisted liquid chromatography-tandem mass spectrometry, Chin. Chem. Lett. 33 (2022) 4746-4749.

[246]A. Mohebi, M. Samadi, H.R. Tavakoli, K. Parastouei, Extração líquido-líquido homogénea seguida de microextracção líquido-líquido dispersiva para a extração de alguns antibióticos de amostras de leite antes da sua determinação por HPLC, Microchem. J. 157 (2020) 104988.

[247]B. Vuran, H.I. Ulusoy, G. Sarp, E. Yilmaz, U. Morgül, A. Kabir, A. Tartaglia, M. Locatelli, M. Soylak, Determinação de resíduos de cloranfenicol e tetraciclina em amostras de leite por meio de partículas magnéticas revestidas com nanofibras antes da cromatografia líquida de alto desempenho - deteção de matriz de diodo, Talanta 230 (2021) 122307.

[248]Y. Ding, X. Zhang, H. Yin, Q. Meng, Y. Zhao, L. Liu, Z. Wu, Ha. Xu, Deteção quantitativa e sensível de cloranfenicol por espalhamento Raman aprimorado por superfície, Sensores 17 (2017) 2962.

[249]W. Linyu, Y. Manwen, F. Chengzhi, Y. Xi, Uma deteção altamente sensível de cloranfenicol com base em imunoensaios de quimioluminescência com as nanopartículas magnéticas Fe3O4 @ SiO2 funcionalizadas baratas, Luminescência 32 (2017) 1039-1044.

[250]R. Sharma, U.S. Akshath, P. Bhatt, K. Raghavarao, aptaswitch fluorescente para deteção de cloranfenicol - Quantificação habilitada por imobilização de aptâmero, Sens. Atuadores, B 290 (2019) 110-117.

[251]B. Tang, W. Wang, H. Hou, Y. Liu, Z. Liu, L. Geng, Li. Su, A. Luo, Uma estrutura orgânica covalente de β-ciclodextrina usada como uma fase estacionária quiral para separação quiral em cromatografia gasosa, Chin. Chem. Lett. 33 (2022) 898-902.

[252]K.L. Pereira, M.W. Ward, J.L. Wilkinson, J.B. Sallach, D.J. Bryant, W.J. Dixon, J.F. Hamilton, A.C. Lewi, An Automated Methodology for Non-targeted Compositional Analysis of Small Molecules in High Complexity Environmental Matrices Using Coupled Ultra Performance Liquid Chromatography Orbitrap Mass Spectrometry, Environ. Sci. Technol. 55 (2021) 7365-7375.

[253]E. Demir, H. Silah, Desenvolvimento de um Novo Método Analítico para Determinação do Medicamento Veterinário Oxyclozanide por Sensor Eletroquímico e sua Aplicação à Formulação Farmacêutica, Chemosensors 8 (2020) 25.

[254]M. Guo, J. Han, Q. Ran, M. Zhao, Y. Liu, G. Zhu, Z. Wang, H. Zhao. Plataforma de deteção eletroquímica integrada multifuncional baseada em nanopartículas de sílica mesoporosa decoradas com rede de nanotubos de carbono de parede única para determinação sensível do ácido gálico, Ceram. Int. 49 (2023) 37549-37560.

[255]H. Zhao, Y. Liu, F. Li, G. Zhu, M. Guo, J. Han, M. Zhao, Z. Wang, F. Nie, Q. Ran, Síntese fácil de nanopartículas de dióxido de silício decoradas com nanotubos de carbono de paredes múltiplas com grafitização e carboxilação para deteção eletroquímica de ácido gálico, Ceram. Int. 49 (2023) 26289-26301.

[256]Y. Liu, T. Wu, H. Zhao, G. Zhu, F. Li, M. Guo, Q. Ran, S. Komarneni, Um sensor eletroquímico modificado com um novo nanohíbrido de negro de carbono super-p@zeolitic-imidazolate-framework-8 para deteção sensível de carbendazim, Ceram. Int. 49 (2023) 23775-23787.

[257]Y. Baikeli, X. Mamat, F. He, X. Xin, Y. Li, H.A. Aisa, G. Hu, Determinação eletroquímica de cloranfenicol e metronidazol utilizando um elétrodo de carbono vítreo modificado com ferro, carbono nanoporoso co-dopado com azoto derivado de uma estrutura metal-orgânica (tipo Fe/ZIF-8), Ecotoxicol. Environ. Saf. 204 (2020) 111066.

[258]X. Bai, B. Zhang, M. Liu, X. Hu, G. Fang, S. Wang, sensor eletroquímico com impressão molecular baseado em polipirrol / dopamina @ grafeno incorporado com filme fino de polímeros com impressão molecular de superfície para reconhecimento de olaquindox, Bioeletroquímica 132 (2020) 107398.

[259]J. Zeng, N. Gan, K. Zhang, L. He, J. Lin, F. Hu, Y. Cao, aptasensor de

fluorescência amplificado de fundo zero e sinal triplo para deteção de antibióticos em alimentos, Talanta 199 (2019) 491-498.

[260]X. Dong, X. Yan, M. Li, H. Liu, J. Li, L. Wang, Kai Wang, Xia Lu, S. Wang, B. He, Deteção ultrassensível de cloranfenicol utilizando um sensor eletroquímico de aptâmero: A mini review, Electrochem. Commun. 120 (2020) 106835.

[261]R. Liu, F. Zhang, Y. Sang, I. Katouzian, S.M. Jafari, X. Wang, W. Li, J. Wang, Z. Mohammadi, Rastreio, identificação e aplicação de aptâmeros de ácido nucleico aplicados na biossensorização da segurança alimentar, Trends Food Sci. Technol. 123 (2022) 355-375.

[262]L. Li, Y. Zhao, X. Yan, X. Qi, L. Wang, R. Ma, S. Wang, X. Mao, Desenvolvimento de um aptâmero fixado no terminal e um aptasensor colorimétrico sem rótulo para deteção altamente sensível de saxitoxina, Sens. Actuators, B 344 (2021) 130320.

[263]A.R. Cardoso, A.C. Marques, L. Santos, A.F. Carvalho, F.M. Costa, R. Martins, M.F. Sales, E. Fortunato, Molecularly-imprinted chloramphenicol sensor with laser-induced graphene electrodes, Biosens. Bioelectron. 124 (2019) 167-175.

[264]O. Gorduk, S. Gorduka, Y. Sahina, Fabrico de elétrodo de grafite lápis modificado com ftalocianina-grafeno de cobre (II) tetra-substituído para deteção amperométrica de peróxido de hidrogénio, ECS J. Solid State Sci. Technol. 9 (2020) 061003.

[265]B. Zhou, H. Xie, S. Zhou, X. Sheng, L. Chen, M. Zhong, Construção de AuNPs/nanoribras de grafeno reduzidas co-modificadas com sensor eletroquímico de impressão molecular para a deteção de zearalenona, Food Chem. 423 (2023) 136294.

[266]G. Li, Y. Long, Z. Li, S. Li, Y. Zheng, B. He, M. Zhou, Z. Hu, M. Zhou, Z. Hou, Reduzindo a tensão de carga de uma bateria de Zn-ar para 1,6 V através da oxidação de biomassa mediada por radicais redox, ACS Sustainable Chem. Eng. 11 (2023) 8642-8650.

[267]O. Koyuna, S. Gorduka, M. B. Arvasa, Y. Sahina, Electrodos de grafite para lápis tratados electroquimicamente e preparados num só passo para a determinação eletroquímica de paracetamol, Russ. J. Electrochem. 54(2018): 796-808.

[268]O. Koyuna, H. Gursu, S. Gorduka, Y. Sahina, Determinação eletroquímica altamente sensível de dopamina com um elétrodo de grafite de lápis de nanofibra de polipirrol sobreoxidado, Int. J. Electrochem. Sci. 12 (2017) 6428-6444.

[269]G. Yang, F. Zhao, Electrochemical sensor for chloramphenicol based on novel multiwalled carbon nanotubes@molecularly imprinted polymer, Biosens.

Bioelectron. 64 (2015) 416-422.

[270]O. Koyuna, S. Gorduka, M. Gencten, Y. Sahina, um novo eletrodo à base de nanotubos de carbono de paredes múltiplas modificado com ftalocianina de cobre (II) para deteção eletroquímica sensível de bisfenol A, New J Chem. 43(2019): 85-92.

[271]X. Shi, S. Zhao, F. Wang, Q. Jiang, C. Zhan, R. Li, R. Zhang, Visualização ótica e imagem de nanomateriais, Nanoscale Adv. 3 (2021) 889-903.

[272]Q. Wu, W.-S. Miao, Y.-D. Zhang, H.-J. Gao, D. Hui, Mechanical properties of nanomaterials: Uma revisão, Nanotechnol. Rev. 9 (2020) 259-273.

[273]X. Zhao, Z. Zhu, Y. He, H. Zhang, X. Zhou, W. Hu, M. Li, S. Zhang, Y. Dong, X. Hu, A.V. Kuklin, G.V. Baryshnikov, H. Ågre, T. Wågberg, G. Hu, A ancoragem simultânea de nanopartículas de Ni e Ni de átomo único na matriz BCN promove a conversão eficiente de nitrato em água em amoníaco de elevado valor acrescentado, Chem. Eng. J. 433 (2022) 133190.

[274]T. Li, D. Shang, S. Gao, B. Wang, H. Kong, G. Yang, W. Shu, P. Xu, G. Wei Sensores/biossensores electroquímicos bidimensionais baseados em materiais para segurança alimentar e deteção biomolecular, Biosensors, 12 (2022) 314.

[275]H. Zhao, G. Zhu, F. Li, Y. Liu, M. Guo, L. Zhou, R. Liu, S. Komarneni, carbono poroso derivado de noz de ginkgo tipo favo de mel interconectado 3d decorado com β-ciclodextrina para deteção ultrassensível de parationa metílica, Sens. Actuators, B 380 (2023) 133309.

[276]Y. Liu, T. Wu, H. Zhao, G. Zhu, F. Li, M. Guo, Q. Ran, S. Komarneni, Um sensor eletroquímico modificado com um novo nanohíbrido de negro de carbono super-p@zeolitic-imidazolate-framework-8 para deteção sensível de carbendazim, Ceram. Int. 49 (2023) 23775-23787.

[277]F. Li, R. Liu, V. Dubovyk, Q. Ran, H. Zhao, S. Komarneni, Determinação rápida de parationa metílica em vegetais usando sensor eletroquímico fabricado a partir de esferas de carbono poroso derivadas de biomassa e β-ciclodextrina funcionalizadas, Food Chem. 384 (2022) 132643.

[2878]X. Wan, Q. Wang, X. Guo, L. Chen, Ting E, H. Zhao, deteção altamente sensível de metilparatião com base em sensor eletroquímico modificado por nanofolhas de carbono poroso do tipo morning glory, J. Porous Mater. 30 (2023) 1533-1542.

[279]F. Qin, W. Jiang, G. Ni, J. Wang, P. Zuo, S. Qu, W. Shen, From coal-heavy oil co-refining residue to asphaltene-based functional carbon materials, ACS Sustainable Chem. Eng. 7 (2019) 4523-4531.

[280]C. Xu, Z. Li, L. Yang, L. Hu, W. Wang, J. Huang, H. Zhou, L. Chen, Z. Hou, Dopant-free edge-rich mesoporous carbon: Understanding the role of intrinsic carbon defects towards oxygen reduction reaction, J. Electroanal. Chem. 923 (2022) 116826.

[281]W.-H. Qu, Y.-B. Guo, W.-Z. Shen, W.-C. Li, Utilizando Supermoléculas de Asfalteno Derivadas do Carvão para a Preparação de Eletrodos de Carbono Eficientes para Supercapacitores, J. Phys. Chem. C 120 (2016) 15105-15113.

[282]B.Y. Zhang, X. He, K.Y. Xu, T.L. Bu, Uma nova preparação de espumas de carbono derivadas de albumina, Adv. Mater. Res. 1101 (2015) 75-78.

[283]G. Li, G. Ren, W.A. Wang, Z. Hu, Projeto racional da rede CNTs@C3N4 dopada com N para captura dupla de biocatalisadores em células enzimáticas de biocombustível de glicose/O2, Nanoscale 13 (2021) 7774-7782.

[284]Z. Li, B. Zhang, G. Li, S. Cao, C. Guo, H. Li, R. Wang, J. Chen, L. Wu, J. Huang, Y. Bai, X. Wang, restringindo a migração e a dissolução de iões de metal de transição através de um separador funcionalizado para cátodo à base de Mn rico em Li com alta densidade energética, J. Energy Chem. 84 (2023) 11-21.

[285]E.F. Sheka, Y.A. Golubev, N.A. Popova, Amorphous state of sp2 solid carbon, Fullerenes, Nanotubes Carbon Nanostruct. 29 (2021) 107-113.

[286]R. Cheng, F. Wang, M. Jiang, K. Li, T. Zhao, P. Meng, J. Yan, C. Fu, Síntese assistida por plasma de nanofibras de carbono codopadas com O e N rico em defeitos carregadas com óxidos de manganês como um eletrocatalisador de redução de oxigênio eficiente para baterias de alumínio-ar, ACS Appl. Mater. Interfaces 13 (2021) 37123-37132.

[287]P.S. Bagus, C. Sousa, F. Illas, Consequences of electron correlation for XPS binding energies: Caso representativo para C (1s) e O (1s) XPS de CO, J. Chem. Phys.145 (2016) 144303.

[288]L. Zhang, M. Yin, X. Wei, Y. Sun, Y. Chen, S. Qi, X. Tian, J. Qiu, D. Xu, Síntese de rGO@PDA@AuNPs para um sensor eletroquímico eficaz de cloranfenicol, Diamond Relat. Mater. 128 (2022) 109311.

[289]J. Borowiec, R. Wang, L. Zhu, J. Zhang, Síntese de nanofolhas de grafeno dopadas com azoto decoradas com nanopartículas de ouro como um sensor melhorado para a determinação eletroquímica de cloranfenicol, Electrochim. Ata 99 (2013) 138-144.

[290]A. Munawar, M.A. Tahir, A. Shaheen, P.A. Lieberzeit, W.S. Khan, S.Z. Bajwa, Investigating nanohybrid material based on 3D CNTs@Cu nanoparticle composite and imprinted polymer for highly selective detection of chloramphenicol, J.

Hazard. Mater. 342 (2018) 96-106.

[291]K. Giribabu, S.-C. Jang, Y. Haldorai, M. Rethinasabapathy, S.Y. Oh, A. Rengaraj, Y.-K. Han, W.-S. Cho, C. Roh, Y.S. Huh, determinação eletroquímica de cloranfenicol usando um eletrodo de carbono vítreo modificado com nanopartículas de Fe3O4 semelhantes a dendritos, Carbon Lett. 23 (2017) 38-47.

Índice

Printed by Books on Demand GmbH, Norderstedt / Germany